古田雄介

亡くなった人が遺していった
ホームページたち

# 故人サイト

# はじめに

国内でインターネットの商業利用が始まったのは１９９３年になります。それから数年後、まだ分単位で電話代がかかる接続契約が普通だった頃に個人サイトのブームが起きました。そのブームは、数多くの事業者が提供していたホームページサービスに支えられていた部分も少なくないでしょう。

好きなことを自由に発信できて、ときに無料でも運用できるという魅力。ＨＴＭＬを手打ちしていた時代から、ブログやＳＮＳが併用できる時代に移って門戸は随分と広がりましたが、人がインターネットに声を残したくなる根源的なところは今も変わっていないように思われます。

そうして刻まれた個々人の声は、発信者が亡くなった後でもインターネットに残り続けることがあります。本人が意図しないかたちで残ってしまった例もあれば、覚悟を持ってこの世に残していった言葉もあり、なかには残された人たちによって故人のモニュメントが作られるといったケースも見受けられます。

この本は、故人がインターネットに残していったサイトを集めたものです。ケースの総数は84になります。

様々な形でインターネットに残された故人のサイトからは何が読み取れるのでしょうか？　見えてくるものは発信する側や受け取る側によってまったく変わっ

てくるものだと思いますし、私からこれだとお伝えすることはできません。ただ、せめてもの道標として残された状況によって6つに分類させてもらいました。

第一章「突然停止したサイト」は、本人が死因を予見していなかったり、予兆を感じていても表に出していなかったりするサイトをまとめています。第二章「死の予兆が隠れたサイト」も本人は気づいていないのですが、その後が知れる立場から見ると死因の兆しが感じられる類型を収録しました。

闘病中であることをオープンにして可能な限り更新を続けたケースは第三章「闘病を綴ったサイト」にまとめ、死期を察して自らお別れの言葉を残したケースは第四章「辞世を残したサイト」としています。ただし、自殺によって終わりを遂げたとみられるサイトに関しては、辞世の投稿が残されていても第五章「自ら死に向かったサイト」に置きました。最後の第六章は「引き継がれたサイト」と「追悼のサイト」をまとめています。残された人による意志、故人を偲ぶ思いがはっきりと表に出ているケースです。

それぞれの分類に優劣はありません。ただ、故人の存在がインターネット上に全公開で存在している（していた）という事実だけが共通しています。

この文庫は2015年に社会評論社から刊行された同名書籍が基になっています。あれから8年半が経ちましたが、できるかぎり当時の原稿を生かし、2024年までの足跡を補間するかたちで再構築しました。ホームページサービスやブログなどの撤退によって消滅してしまったサイトもいくつかありますが、消滅までの流れも描写して残しました。

原著の「はじめに」で記したキャッチコピーを再掲します。

大切にするということは、腫れ物扱いすることではない。
知ることは後ろめたいことではない。
死はインターネットで学べる。

故人のサイトを取り上げることには様々な意見があると思います。ただ、まずはページをめくり、現実の事例に触れてみてください。

凡例

一、本編中で登場するサービス名は、原則として原著を執筆した2015年時点の表記としています。2023年に「X」と改名した旧Twitterも本編中では旧名のままとしていますが、URLだけは参照しやすいように「x.com」に改めています。
一、サイトからの引用文は、原則として誤字脱字を含めてそのまま掲載しています。ただし、個人情報に関わる部分は状況に応じて伏せました。また、カギカッコは二重表記とし、空白行と絵文字は省略しています。
一、サイトの現存／閉鎖の判断は2024年6月時点としています。

# 目次

## 第三章 闘病を綴ったサイト

病気の日々を長期間書き連ねているサイト、
死と向き合って生きてきたサイト

## 第四章 辞世を残したサイト

本人による辞世の挨拶が残されたサイト。
ただし、自殺したものは除く



## 第五章 自ら死に向かったサイト

自殺願望を綴って実行したと思われるサイト、
自死をほのめかして消息を絶ったサイト

# 第一章
# 突然停止したサイト

本人が自分の死を予測していない、
少なくとも予兆を表に出していないサイト

# 世界一周の旅を始めた矢先 偶然であった盗人に殺された男性のブログ

「バイク無しでは原始人以下の私です。

あぁ〜、早く人間になりたい!!」

2012年5月11日、自らを「バイク旅行写真家」と称する30歳の男性・こういちさんは、翌日に鳥取から出発するウラジオストク行きのフェリーに乗るため、愛車のスズキ・ジェベル250XCに跨がって東京の自宅を発った。ロシアからモンゴルに入り、中央アジアとロシアを抜けて

**ハンターこういちのバイク旅行記**

http://hunter-koichi-world.doorblog.jp/

■最終更新:2012年5月16日

■亡くなった推定時期:2012年5月21日

■死因:他殺

北欧→東欧→西欧と進み、最後は西アフリカまで駆け抜ける大旅行の始まりだ。このときのために、ブログ「ハンターこういちのバイク旅行記」を立ち上げ、同時にツイッターとＦｌｉｃｋｒのページも作った。旅路で体験する様々な出来事を写真とテキストで随時公開していくつもりだという。

フェリーは韓国を経由して3日後には目的地に到着した。船酔いなどの多少のアクシデントはあれ、ロシア入国まではまずまず予定通りといえたが、入国後はバイクの受け取り手続きに数日間の待ちぼうけを食わされることになる。フェリー側の事務処理が遅く、港街で3日間の足留め。冒頭の言葉はそのときの心境を表している。5月16日のブログ記事から引用した。

翌17日以降は更新がないため、ようやくバイクを受け取りユーラシア大陸横断の旅を始めたとみられる。もともと持参したテントで野宿を繰り返す計画で、衛星電波を受信してネットにつなぐような設備を用意した記述もないことから、内陸を進む間は写真や文章をストックして、ネット環境があればそのとき更新するといったスタンスだったと推測される。とはいえ、これから二度と更新できないとはこういちさんも思っていなかっただろう。

彼の次の消息は、5月23日、ロシアのマスメディアによって報じられた。

ウラジオストクから２０００㎞離れたバイカル湖近くの道端で遺体として発見されたという。犯人は20歳と21歳の男。5月21日にテントを張っているこういちさんと知り合い、その深夜にバイクを盗もうとしたところ、見つかったために殺害に至ったという。バイクはロックが解除できなかったために持ち出せず、結局その場に残している。典型的な行きずりの犯行だ。

この事件は当時日本のマスコミで大きく扱われた。現在でもネットを検索すれば、事件発覚から犯人の逮捕、裁判結果を伝えるロシア語と日本語のニュース記事がいくつもヒットする。こういちさんのフルネームも、犯人の名前やそのうち一人が前科2犯であることも、約1年後に犯人に4年の矯正施設入り（1年の自由制限つき）と18年の厳重監視(2年の自由制限つき)という異様に軽い判決が出たことも簡単に辿れる。

悲惨な結末の伝える情報が方々に散らばるなか、こういちさんのブログは10年以上経っても、それを知らないままでいる。コメント欄を設けていないため、読者からの追悼の心も反映されない。没後の変化としては、Ｗｅｂ拍手(ＳＮＳでいう「いいね！」機能）の数字が少しずつ上がっているくらいだ。Ｔｗｉｔｔｅｒにもアクションはほとんど残されていない。

唯一、追悼の場となったのはＦｌｉｃｋｒのページだった。最後にアップしたウラジオストクの暮れなずむ港を撮影した写真には、報道直後に複数のユーザーから哀悼するコメントがつけられた。が、やはり10年以上も動きが止まっている。

# 世界に揉まれて成長を続ける青年の旅はあまりに突然に終わりを告げた

「旅の女神にキッスして～マラリア怖いやアフリカ編～」と名付けられたブログは、２０１０年5月18日の短い記事で止まっている。

「タイトル：See you again

息子は、このブログを残し

4月12日夜、永遠の旅に出ることになりました。

読者の皆さま、ありがとうございました。」

ブログ主はハンドルネーム「いつも一緒。」さん。数年来

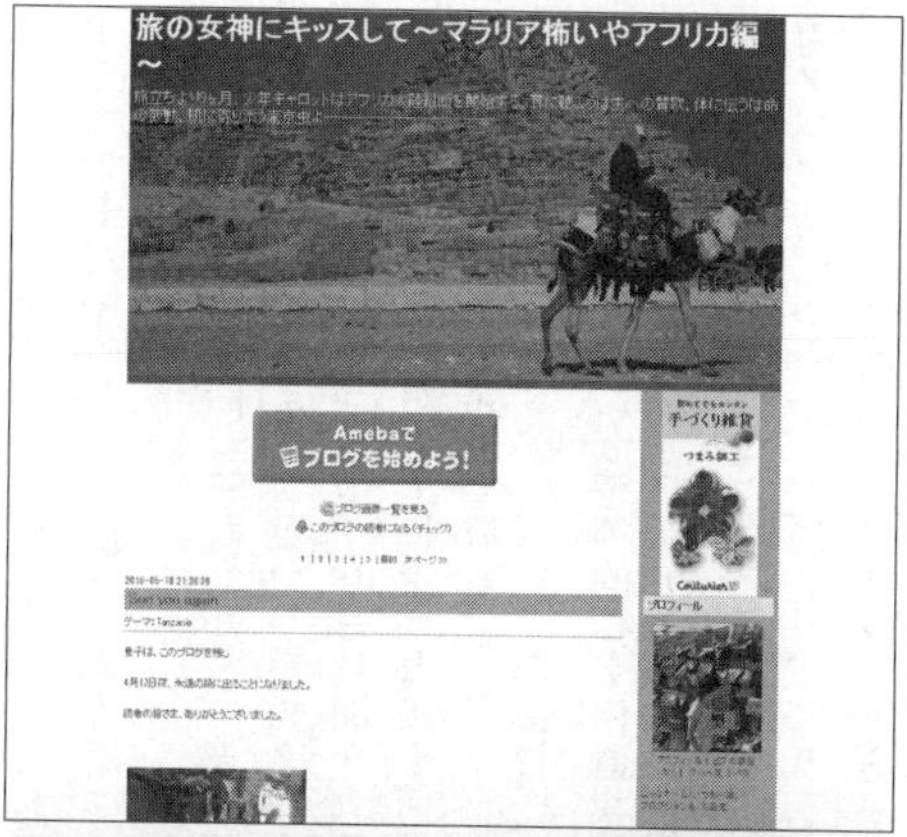


**旅の女神にキッスして**

http://ameblo.jp/hotel-pilgrims/

■最終更新:2010年5月18日
■亡くなった推定時期:2010年4月12日
■死因:事故

の夢だった世界一周の旅を実現すべく、自分を奮い立たせるかのように２００９年２月に開設した。そこには、旅を通して成長する20代後半の男性の足跡がしっかりと残されている。

ブログを始めた当初の彼は、具体的な準備を後回しにしながら、旅の体力をつけるためのジョギングや筋トレに精を出して自分をごまかすといった煮え切らない日々を過ごしていた。本格的に動き出したのは1ヶ月経った頃。6月に開かれるタイのマラソン大会にエントリーしたのがきっかけだった。俎の上に乗った後も何度か気分が揺れ動いたようだが、予定通りに6月初旬に日本を発っている。

しかし、その一ヶ月後には国内に舞い戻ってきている。タイで予定どおりマラソンした後、マレーシアで二度の盗難に遭い、経済的にも精神的にも出直すしかなかったようだ。一度目は睡眠中に隙を突かれ、二度目は現地で知り合った旅行者に騙されたという。それでも志は折れず、8月には再び出国。ここからは大きなトラブルもなく、9ヶ月を越える旅を続けた。東南アジア諸国からインドに進み、イランを経て、トルコで年を越した。２０１０年に入るとシリアに向かい、イスラエルとヨルダンの街を歩き、春を待たずにアフリカ大陸へと進んでいった。旅先で現地の住人や旅行者とたびたび交流し、様々な文化を学びながら、たくましく生活している様子は、現地のネットカフェなどでアップされる長文の記事からも読み取れる。ブログのタイトルはこのとき微調整したようだ。

アフリカ大陸では、エジプトから南方に隣接するスーダンに入り、さらに南下してエチオピアとケニアを縦断するルートを採った。最後に辿り着いたのはタンザニアだった。

そのタンザニアでアップした、ケニアでのエピソードを書いた日記が彼の最後の言葉として残っている。要約するとこうだ。8日間滞在した宿をチェックアウトしたとき、あまり気の利かないスタッフにチップを要求された。そこで「お前、おれに何かしてくれたっけ？」と真顔で問い詰めると、スタッフは少し悩んだ挙げ句「おれ……フレンドリーやった」と返答。これに笑ってしまい、仕方なく100シリング渡した後、「俺もお前にフレンドリーだったよな？」と言って100シリング返してもらった——。巡る国を持ち上げすぎず不当に貶めず、感じたことと体験したことを等身大の視点で正直に書いており、長文でも読みやすい。

更新日時は2010年4月12日23時15分。タンザニアとの時差を考えると、同日17時過ぎに投稿したものと思われる。

彼の友人のブログによると、この数時間後、レストランでディナーを食べて宿に戻る道中に、後方から走ってきたトラックに跳ねられてしまったという。何の前触れもなく旅はピリオドを迎え、4月のうちに無言の帰国となった。葬儀を済まし、一区切りついたときにアップされた訃報が冒頭のものだ。

# コメント欄に新聞記事と追悼文ひとつ
# それ以外はすべての時が止まったブログ

福島県に住む50代男性のアリマ0157さんのブログは、2013年1月19日の記事で止まっている。それだけならよくある放置ブログだが、3ヶ月後にコメント欄に付いた書き込みが様相を一変させている。

「このブログ書いてる方も亡くなったみたいで…

ご冥福をお祈りします…

13メートル転落、男性死亡

下水道工事の作業中（福島民友新聞4月22日（月）11時

## アリマ 0157のブログ

http://ameblo.jp/arima0157/

■最終更新:2013年1月19日

■亡くなった推定時期:2013年4月21日

■死因:事故?

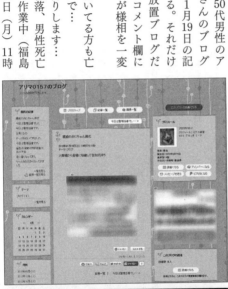

57分配信）

21日午後3時5分ごろ、須賀川市の公共下水道新設工事現場で須賀川市、建設作業員有馬辰義さん（54）が作業中に下水道開口部から13メートル下の底に転落した。有馬さんは胸などを強く打ち約1時間40分後に死亡した。須賀川署の調べでは、有馬さんはほかの作業員3人と共に建設資材を運搬中に誤って転落したとみられる。」

お悔やみの言葉の後に添えられた新聞記事の抜き出しは、ブログ主と同世代の男性が事故死したと伝えている。同じ内容の記事は共同通信のアーカイブからも辿れるので、全くの創作でないことはわかる。犠牲者の名字はハンドルネームに近く、住まいと事故現場も近い。

とはいえ、いずれも推測の域を出ない。過去記事やプロフィール欄を調べてもアリマ0157さんの本名や勤務先の名は出てこないし、このコメント以外に追悼コメントは一切ない。ブログ内の情報だけで判断すれば、コメントを書いた人が勇み足をしたとも考えられる。

しかし、このブログから外に出てみると、ブログのアドレスと同じ「ａｒｉｍａ０１５７」の文字列を使ったツイッターアカウント（https://x.com/arima0157）が見つかる。アカウントの日本語表記は「有馬辰義」。アイコンの猫も同じものだ。

相互にリンクは貼っていないが、「親戚のおじちゃん葬式で告別式待ち」（２０１３年1月19日）など、ブログ記事と全く同じつぶやきが随所に見られるほか、立正佼成会特有の役割である「聖壇当番」をこなすスケジュールも完全に一致している。同一人物のアカウントである蓋然性は確かに高い。

ツイッターの更新期間はブログよりもずっと長く、２０１０年3月から、亡くなったとみられる4日前の２０１３年4月17日までつぶやきが残されていた。投稿を辿っていくと、子供や家族、地元を愛しながら、勤務先の仕事も所属団体の営みも真面目にこなす人物像が浮かび上がる。

「今日で牡丹園での災害一般ゴミ、瓦礫片づけ終わりそうな、いままで長い間みなさんご苦労様でした。」

「今日は子どものサッカーで郡山市日和田中へ行きます。毎日のように気温の差が激しいので風邪などひかないように注意してくださいね。」

「今日は地下埋設物〔水道管〕を重機で切ってしまいたくさんの方々に迷惑かけ本当に申し訳ありませんでした。」

などなど……。

しかし、周囲からは何のリアクションも残されていない。代筆で訃報が投稿されることも、最後の投稿に返信の形で悼まれるといった形跡もない。ただ、２０１２年の暮れから２０１７年にかけて、広告の自動投稿のようなものだけが延々と連投されている。スパム業者などに乗っ取られたのかもしれないが、真相は分からない。

# 飲酒のつぶやきが大量の荒らしを呼ぶ事故死した高校生のツイッター

２０１４年10月17日夕方、神奈川県藤沢市の交差点で対向車線を直線してきたワゴン車に右折中の二人乗りバイクが衝突し、バイクに乗っていた高校3年の男性Ａさんと高校2年の女性Ｂさんが死亡した。ワゴン車の運転手（69）は過失運転致死の疑いで現行犯逮捕され、容疑を認めているという――。

翌日にニュースサイトがこの事故を報じると、間もなくして、命を落としたＡさんの

**Aさん@—（Twitter）**

■最終更新:2014年10月8日
■亡くなった推定時期:2014年10月17日
■死因:事故

ツイッターが荒れだした。

Aさんは本名で登録しているだけではなく、プロフィール欄に通っている高校を載せたり、たびたび自分の写真を投稿したりしていたので、事故で命を落とした本人と特定されるのは時間の問題だったのかもしれない。そして、飲み会の参加を公言するつぶやきや飲酒や喫煙中とみられる写真も大量に残していた。

「久々の呑みなうー　テストなんてどぉでもいいわー　ｗｗ」

「兄貴と一服わずー　これから風呂入って寝よ今日は勉強しよ（-_-;）」

「付き合って初めてのホテルで泊まりデート　♪　今は久々にふたりで酒呑んでる♪」

お酒や煙草をのんでいる未成年。ひとつ下の彼女とイチャイチャしていて、ちょっと悪めの友達や先輩に囲まれて楽しそうにしている。そして、当人はもうこの世にいない。悲しいかな、叩くのに格好の存在となってしまっていた。

知人の激励に「ありがとうございます！　頑張ってきます！」と応えたAさんの最後の投稿には、死後にこんな返信が連なった。

「日頃の行いが悪くて死んだ。ただそれだけの事だな」

「未成年飲酒して死んだお間抜け」

「こんな奴死んでも文句言えないよなｗｗｗ　未成年飲酒に二人乗りｗｗ　御愁傷様でーーすｗｗｗｗ」

単になじるだけでなく、過去の飲酒の投稿と死亡事故をわざと混同させて叩く野次馬まで現れ、それに反論する側とのやりとりが生々しく残されている。

万が一のアクシデントに見舞われたとき、隙だらけの痕跡をネットに残していると、そこから些細なキズを見付け出して、全人格を否定する人間は確かにいる。Aさんのツイッターを辿れば、Aさんが誰彼なく攻撃的に接するタイプでないことは伝わるし、中型バイク免許を取ってバイクを買うために2つのバイトをはしごして働くなど、努力家の面も見えてくる。しかし、悪意の目から見ればそういうプラスの側面はあまりに無価値だ。

人生経験が浅い世代はどうしても迂闊な内容をネットに残しやすい。公開範囲を友人に留めたり、限定的な公開を前提にしているLINEをメインにしたりと自衛していても、どこからか漏れて白日の下に晒されないとは限らない。良い悪いは関係なく、インターネットにはそういう悲劇もある。

未成年であることと、晒し上げられた理由の不当さから、この事例は匿名とした。

# 『ハサミ男』で知られるミステリー作家 世間はその死を47日間知らなかった

ミステリー小説の傑作『ハサミ男』や『黒い仏』などで知られる作家の殊能将之（しゅのうまさゆき）さんは、2013年2月11日に49歳の若さで亡くなった。死因は非公開。覆面作家ゆえ、伏せられているのは死因に限らない。本名も家族構成も生前の容姿も非公開のままだ。生い立ちも雑誌のインタビュー記事などを通して断片的にしか公にしていない。

その死が世の中に知れ渡っ

**殊能将之@m_shunou（Twitter）**

https://twitter.com/m_shunou

■最終更新:2013年2月8日

■亡くなった時期:2013年2月11日

■死因:不明

たのは没後47日経った3月30日の正午頃だ。公的な訃報は4月4月発売の小説雑誌『メフィスト 2013年VOL1』に掲載されたものが最初だが、発売前に届けられた見本誌を読んだ雑誌関係者がその驚きをツイッターに投稿したのをきっかけに拡散していった。

最初は「え、マジすか？」「殊能将之氏の件は、本当なんだろうか。」といった情報の真贋に迷う声が散見されたが、1時間が過ぎた頃に同誌に追悼記事を寄稿していた書評家の大森望さんが、状況を把握したうえで訃報を認める発言を投稿したことから疑念が払拭された。

ここで拡散の勢いは加速し、同日のうちに情報の裏を取ったシネマトゥデイや読売新聞、日経新聞などが次々に訃報記事をサイトにアップしたことで、訃報はツイッターどころかインターネットの枠からも外れて全国に広がっていった。わずか半日の出来事だ。

そうして作家の死を知り、受け入れた人々の目は再び作家が残したツイッターに向かった。殊能さんは2000年から長らく公式サイトに日記や雑感、小説のレビューなどを掲載していたが、2012年5月に閉鎖してからは、専らツイッターを使うようになっていたためだ。2008年発表のリレー短編小説『キラキラコウモリ』以来、新作の発表はなく、ファンにとっては殊能さんの近況を知るもっとも確実かつ身近な情報源でもあった。

最終更新は死の3日前の2月8日。その数日前から読み進めると、普段とは違う心境になっていることが窺える。
「私事でバタバタしているため、しばらくツイートできないかも」（2月6日）
「オイッス！あいかわらずバタバタしてるがごあいさつだけ！」（2月7日）
「バタバタに加え、パソコンの調子が悪いのでしばらくツイートできません。（これだけツイートするのもひと苦労状態）」（2月8日）
「バタバタの理由を一応説明しておくと、兄が急死したのだ。享年58。死因は脳出血」（2月8日）
「んじゃまた」（2月8日）
兄の死が殊能さんの身辺に少なからず影響を与えていたのは間違いないようだ。ただ、それが殊能さんの死因にどこまで関わっているかは分からない。死因が非公開である以上、詮索は不毛だろう。この数日間の投稿は殊能さんの死を予兆しているかもしれないし、していないかもしれない。不確定のため、二章ではなく、一章で採り上げることにした。
いずれにしろ、注目したいのは最後の「んじゃまた」だ。他の投稿より抜きん出て多いリアクションが残されており、返信として残された追悼メッセージも多い。この短いつぶやきが、殊能さんとファンをつなぐモニュメントになっている事実が興味深い。

# ○○さんの脳内は「H」15%「遊」10%…死後何年も自動投稿が続いたアカウント

ユーザーのプロフィールや過去の投稿記事を参照して、「あなたのよく使う言葉は○○です」「あなたの今日の運勢は○○です」といった結果を生成する、ジェネレーターと呼ばれるサービスがしばしば流行することがある。これらのジェネレーターは利用に際してSNSアカウントとの連携を促すものが多い。そして、連携を有効にすると一定のペースで自動投稿を続ける設定になっているものが少な

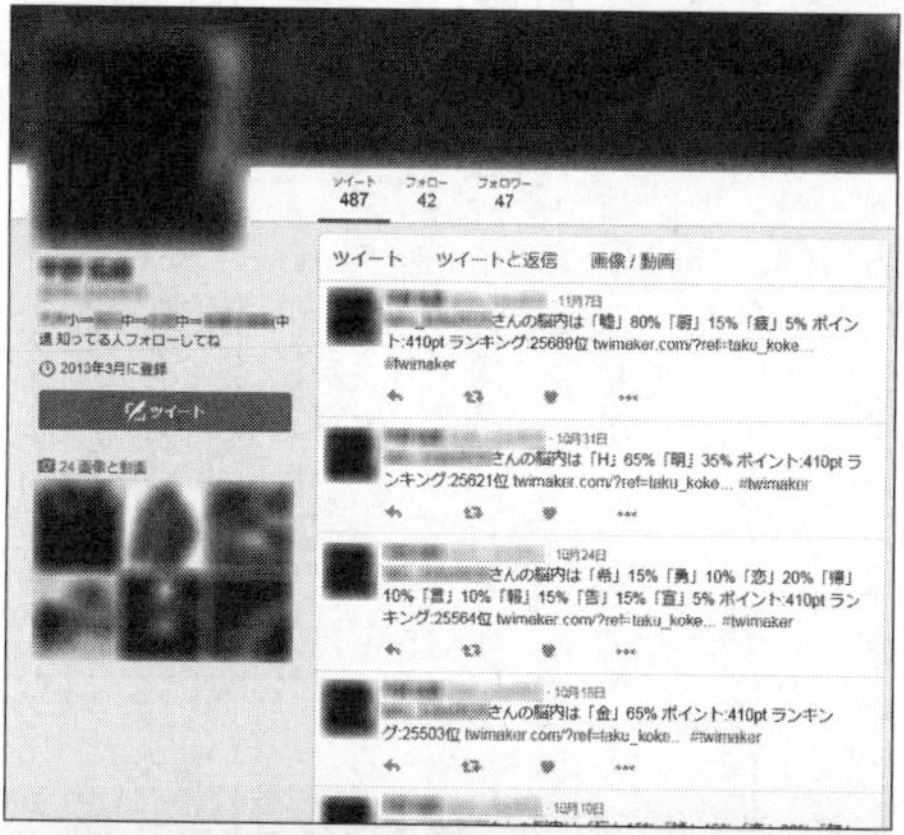


**Cさん@—（Twitter）**

■最終更新:2019年1月25日
■亡くなった推定時期:2013年6月9日
■死因:事故

からずある。それを有効にしたままこの世を去るとどうなるのだろうか？

２０１３年6月9日、17歳の男性・Cさんは地元の町道をバイクで走行中、中型トラックと正面衝突し、搬送先の病院で死亡が確認された。残されたツイッターの投稿を辿ると、怪我（もしくは持病）の治療のために定期的に病院に通いながら、より大きいバイクに乗るためにバイトに精を出す日常の姿が見えてくる。

「中免早く欲しい。原チャ買ってめっちゃ病院通って速攻とりいこ。んで、大型も取ってヘッダー画像のバイクのろ。あー夢しか見てねーw」（3月15日）

原付免許はすでに取得しており、ミニバイクは普段から乗り回していた。亡くなる一ヶ月前には操作を誤り、足から血が流れている写真もアップしている。

「血だらけで寝転んでるなう。クラッチレバーが曲がった。萎えてるなう。なんで滑ったんだろ、あーがん萎え。」（5月14日）

そして、亡くなる前日まで普段通りのつぶやきを残した。最後の投稿には、友人たちから哀悼のコメントがいくつも付けられている。

「いまお前が事故った所いってきたよ。花も添えてあげれなくてごめんな」

「17年間お疲れな　(^-^)」

などなど……。

ここで更新が止まるなら、事故で突然死した人の痕跡としてはよく見かける事例といえた。

しかしCさんの更新は、没後も止まらなかった。数年間は5日から6日に1回のペースで規則正しく、次のようなツイートが投稿され続けた。

「Cさんの脳内は『楽』15％『人』10％『会』20％『広』10％『布』10％『RT』15％『伝』15％『宣』5％　ポイント：　〇pt　ランキング：〇〇〇位 http://twimaker.com/：＃twimaker」

過去のツイートを解析して〝脳内〟を読み取るというジェネレーターの一種だ。無料で利用できるが、生成にはツイッターのアカウントが欠かせない。初期設定では一日一回自動投稿する設定になっていた。Cさんが亡くなった時点では投稿ペースをユーザー側でカスタムする機能が付いていなかったので、なぜ5～6日に1回のペースに落ち着いたのかは分からない。その後も運営元のサーバーメンテナンスなどの関係で1年近く更新が止むこともあったが、前触れなく復活しては数ヶ月に一度のペースで投稿がなされ、2019年1月までは〝脳内〟の解析結果が積み上げられている。

2019年の春、件のジェネレーターを提供しているITベンチャーに管理状況を尋ねた。当時のジェネレーターブームはとうに去り、サポート用のツイッターアカウントも2015年で更新を止めている。ただ、アプリ開発からデータ復旧事業に軸足を移し、現在も営業を続けていることは分かった。

ジェネレーターの問い合わせフォームは閉じられていたが、データ復旧事業に関わるサポート窓口が生きているので、まずはそちらにメールを送った。期日までに反応はなかった。次に代表電話に電話すると、窓口の女性はすんなりとジェネレーターの開発に関わったとみられる人物につないでくれた。そのまま口頭で質問する。

「故人の自動投稿を止める方法を教えてください」

「それはその人のアカウントでログインして止めるしかないですね」

「亡くなった人のＩＤやパスワードが分からない場合はどうしたらいいでしょう？」

「それは…ガ――――」

突然電子音がけたたましくなり、会話できない状態になり、数秒後に電話が切れてしまった。偶発的な事故なのか意図的なことなのかは分からないが、もう一度電話しても別の部署に回されて、同じ人物と会話する機会は二度と得られなかった。もう一度メールで質問状を送ったが、やはりなしのつぶてだ。

運営側のサポートが覚束なくなっても、サーバーとプログラムが機能していればジェネレーターは動き続ける。遺族や友人が当該のアカウントにログインして連携を解除すればいいが、パスワードが分からなければ打つ手がない。アラーム設定に気づかずに故人と一緒に土葬した腕時計は、何かが故障するまでは定期的に鳴り続ける。それと同じようなことが誰にでも起こってしまう可能性がある。

# リポストを繰り返すスパムを残して交際相手に殺された18歳の女性

利用者の生死とは無関係に自動で更新を繰り返すのはジェネレーターだけではない。動画を見たりサービスを利用したりしたユーザーに張り付いて、そのアカウントで勝手に広告素材のリポストやシェアを繰り返すスパムアカウントもSNS界隈で長らく問題視されている（そして根本的な解決には至っていない）。やはり、こちらも死後まで影響が続く場合がある。

２０１４年３月12日、都心

**Dさん@—（Twitter）**

■最終更新:2015年9月14日
■亡くなった推定時期:2014年3月12日
■死因:他殺

近郊にある複数のキャバクラに勤めていた18歳のDさんは、かねて交際していた38歳の男とトラブルとなり、自宅のマンションで首を絞められて殺された。ある報道によると、男に妻子があることがDさんにばれたことで関係が悪化していたという。男は間もなく逮捕され、容疑を認めた。

事件が起きるときまで、この男を警戒する意識は誰も持っていなかったようだ。SNSでつながりのある友人たちからは「信じられない」「早すぎる、実感がないよ」といった声が相次いだ。残された範囲でDさんの過去のつぶやきを辿っても、危機が迫っていることを不安視する様子は微塵もなかった。最後の投稿も普段の調子と何ら変わりはない。

「携帯無いんで用事ある方こっちのLINEに連絡ください　(^_^)　xxxxx(友人のアカウント)」

死亡推定時刻に従うと、この2時間後に絶命したことになる。以後、主の失ったアカウントはしばらく静止する。

が、3ヶ月経った2014年6月、数日に亘って妙なリポストが突然繰り返されるようになった。

「画像大喜利　@xxxxx

この無料アプリの

面白さマジで

パズドラ超えてきた♪……」
「話題の画像100選　@xxxxxxx
モンハン好きは
絶対にはまる
無料神アプリ♪……」

その後、7月と12月にそれぞれ1回リポストがあり、スクリーンショットに残っているように、何度か脈絡のない広告が引っ張り出されるといったことがしばらく続いた。

スパム業者によるSNSアカウント乗っ取りの典型パターンといえる。本人が死んでいようがお構いなしに広告を露出させて、クライアントからノルマに応じた宣伝料を受け取る。こうした仕組みに詳しくなかったDさんは、これらのスパムに生前から手を焼いていた様子が残っている。

「なんなのTwitterの勝手にフォローとかリツイートとかされてるやつ。イライラしてきた（「_」）わら」（3月5日）

過去の投稿が削除されている2014年1月以前は不明だが、現存する履歴を見る限り、同年2月初旬から関連性の薄い投稿が目立つようになったようだ。その時点で、フォローした覚えのないアカウントを解除して、ユーザーページの「アカウント連携」にある不明なアプリの連携許可を片っ端から取り消していけば、この事態は回避できたかもしれない。

# 多数の足跡をネットに残した中島啓江さん　ただし、魂の本拠地は別にある

オペラ歌手の中島啓江さんは、２０１４年11月23日に呼吸不全で急逝した。密葬を終えた同月28日に所属事務所代表がマスコミに発表し、公式サイトにも亡くなるまでの状況に触れた訃報を載せている。

「訃報

中島啓江を長く応援してくださったファンの皆さま、そして関係者の皆さま、中島は、11／23（日）10：35に都内の病院において呼吸不全にて亡くなりました。享年57歳、11

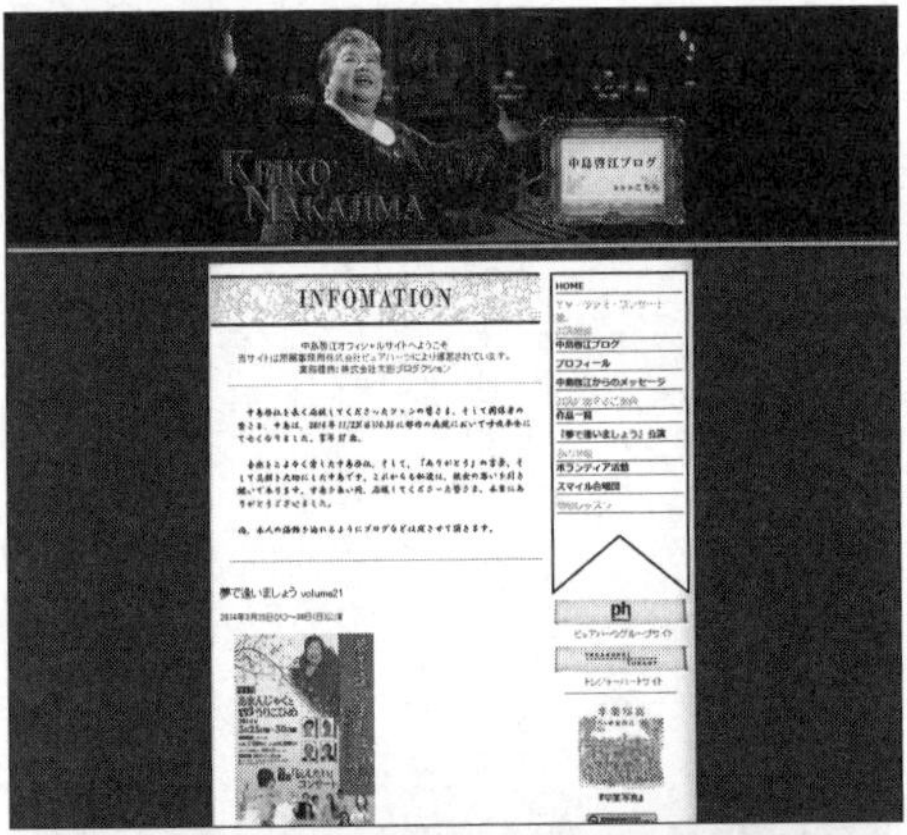


**中島啓江 Keiko Nakajima オフィシャルサイト**

http://www.purehearts.co.jp/nakajima/

■最終更新:2016年7月頃

■亡くなった時期:2014年11月23日

■死因:呼吸不全

／15が誕生日でした。
11／17（月）から体調不良により入院しておりましたが、21（金）に容体が急変し23（日）に帰らぬ人となってしまいました。きっと本人も亡くなったとは思ってはいないのではないでしょうか。私も、まだ現実を受け入れられない状況です。あまりにも急で、あまりにも悲し過ぎます。」

誰にとっても突然の出来事だったことは、公式ブログからも推し量れる。最終更新はスタッフの手による訃報だが、中島さん自身も亡くなる2日前の11月21日に日記をアップしている。それは数日前の仕事を伝える活動報告だった。

「東京の大井町きゅりあんにて（略）講演会を行いました。」

訃報から推測すると、体調が急変する前に入院中の病院で更新したものと思われる。事実だけをまとめた短い文章に、舞台袖から撮ったと思われる講演会の写真を添えた簡潔な内容。中島さんの手によるものか代筆かも分からないほど事務的だが、過去にも同程度にシンプルな日記はいくつもあり、違和感はない。ブログは2004年から更新しているが、もともと心情を事細かに語るような日記はほとんど残しておらず、講演や公演、番組出演の報告がメインだった。だから、今回も病状が悪化したからシンプルにせざるをえなかった感じではなく、平常運転の範囲内でまとめた印象を受ける。もしマスコミの報道もなく、訃報記事もなければ、このブログから主の死を読み取ることは難しいだろう。コメント欄もないので、読者から情報が加えられることもない。公式サイトもしかりだ。

この距離感は、中島さんがブログやサイトをあくまで告知や現状報告のメディアとして使っていたからだと思われる。自身の魂はライフワークとしていた歌唱や舞台、ボランティア活動、講演に全力で込めて、それ以外の媒体は魂を伝える道具として割り切るスタイル。アーティストや実業家などにしばしば見られる姿勢だ。そうした場合でも引退や闘病をきっかけにブログやSNSを魂の置き場所と捉え直すことがあるが、急逝した中島さんにはその余地はなかった。

リアルタイムを追うような心境の変化は残さなかったが、生き様を支えた根底の本心は、公式サイトにある「中島啓江からのメッセージ」にまとめられている。以下抜粋。

「私にとっては歌うことが全て。私から歌を取ったら何も残らない…。私は歌える限り全身全霊をかけて歌い、伝え続けます。

全国津々浦々の小さな町や村でコンサートをしたい。私の歌を通して、そこに住んでいる人達を、私の歌で元気にしたい。「生きる力」を与えたい。そうすれば町や村は活気づき、この国が少しでも元気に満ち溢れる素晴らしい国となると信じています。」

# 3・11の直前までの日常をくっきりと残す宮城県南三陸町の職員のブログ

「ただいま津波が襲来しています。高台へ避難してください」

東日本大震災による津波が宮城県南三陸町を襲ったとき、同町職員の遠藤未希さんは、防災対策庁舎の二階にある放送室で避難を呼びかけ続けた。そして、津波に飲まれ、一ヶ月半後に遺体が発見された。

24歳の女性職員による文字通り命懸けの行動は、新聞やテレビで何度も採り上げられ

**ぐぅぅたらな日々**

http://ameblo.jp/m0i7k1i8/

■最終更新:2011年3月9日
■亡くなった時期:2011年3月11日以後
■死因:災害

て大きな反響を呼んだ。1年後には道徳の教科書にエピソードを載せる自治体まで出てきたほどだ。おそらくは、当時を知る多くの人の記憶に刻まれていることだろう。

その遠藤さんのブログは、今も当時のまま、ひっそりとネット上に残っている。「ぐぅぅたらな日々」というタイトルのブログは、2011年1月12日に始まった。読んだ本や趣味のワンピースグッズの短い感想を写真つきで掲載するいたってシンプルな内容で、誰に読まれるといった意識は薄く、日記をつけるような感覚でただただ私的に取り組んでいた雰囲気だ。正月明けから2月末まで休職していることと、タイトル名から推測すると、長期の休みを有効活用しようと、とりあえずチャレンジしてみたという感覚だったのかもしれない。

ハンドルネームは「田舎っぺ」。プロフィール欄には、生まれも育ちも宮城県であり、1986年生まれの女性であること、職業は公務員であること、既婚であることなどが表記されている。実名は載せないまでも、周囲にブログを書いていることを知られたり、ネットで〝身バレ〟したりしても構わないという大らかな姿勢が窺える。

最終更新は3月9日。職場復帰した後も書く内容に変化はなく、普段通りの肩肘張らない日記となっていた。コメント欄は一般公開されているが、しばらくは何の動きもなかった。

書き込みが見られるようになったのは半月経った3月末からだ。当時、遠藤さんに関連する深掘りした報道が増えて、家族の情報も世に知られるようになり、親族が綴っていたブログを経由して「ぐぅぅたらな日々」が遠藤さんと結びつけられるようになったのが契機だった。この頃は生存の見込みが極めて薄いとされながらも行方不明の扱いだったため、初期のコメント欄は「どうかご無事で」「一日でも早くご家族、旦那様の元へ帰る事が出来ます様に」といった文面で埋まっている。

明確な哀悼の色が表に出るようになったのは5月に遺体が発見されたと報道されてからだ。その切り替わりは非常に穏やかで、一縷の望みが断ち切られたといったショックの感情はあまり見られない。「本当にお疲れ様でした。ゆっくり休んで下さい」や「はじめまして。あなたの事はきっと皆さん忘れません」など、すでに大半の人に遠藤さんの死が受け入れられており、家族の元に戻れたことを喜んだり、改めて懸命な仕事を称えたりする文面ばかりだった。

その後も、様々な媒体を通して防災放送のエピソードとこのブログを知った人の書き込みが絶えないが、アクセス数が伸びたことから、スパム業者の標的とされるようにもなり、２０１４年頃から「ブログサーフィン中ですー。楽しんでブログを書いているんですね♪　それでは、また！」といった自動書き込みも混ざるようになっている。

管理者不在では、こうした荒らしを防ぎきって一点の曇りもない綺麗なメモリアルを維持するのは難しい。

# 心配と哀悼、死亡説への疑問、荒らし……様々な要素を内包した震災犠牲者のサイト

3・11を境に更新が途絶えたブログやサイトはいくつかあるが、被災時にパスワードの入ったPCを紛失して手が出せなくなったものや、ネット環境が復旧するまでに熱が冷めて放置したもの、復旧を機に新しいブログに乗り換えたものも多く、必ずしも書き手と死が結びつくとは限らない。

一方で、前節の遠藤未希さんやここで紹介するいっしさんのように、周辺情報からお

**ウェルシュコーギーがきた**

http://ameblo.jp/x68030xvi/

■最終更新:2011年3月10日
■亡くなった推定時期:2011年3月11日以後
■死因:災害

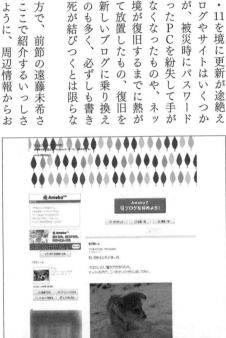

そらくは亡くなったと判断される事例もある。

宮城県在住のいっしさんは、2011年2月にウェルシュコーギーの〝こー〟を飼ったのをきっかけにペットブログ「ウェルシュコーギーがきた」を始めた。生活を共にするようになった翌日から、1日も休まず〝こー〟の様子をアップしており、ブログはみるみるうちに生後3ヶ月にも満たない子犬の写真で埋まっていった。コーギーブログのコミュニティに登録したことから、間もなく読者が集まり、自由に書き込めるコメント欄には「可愛い!」の声があふれた。

更新のタイミングは最初期の2日を除き19時前から24時前となっており、仕事や一日の予定が終わった後に作業していたものとみられる。おそらくは3月11日も夜になったら〝こー〟の写真をアップするつもりだっただろう。が、14時46分の大地震が日常を断絶した。

規則正しく毎日更新を続けていただけに、更新が途絶えた直後から安否を気遣う書き込みがつけられるようになる。それが悲しみの声に変わったのは4月2日。コーギーを通して親交のあった知人が、自身のブログで「いっしさんのご遺体が本日発見されました。」と報告したのがきっかけだった。翌日には〝こー〟のブリーダーの女性からも、いっしさんの親族から訃報を受け取ったとの書き込みがなされ、コメント欄は哀悼一色となる。この頃には他のコーギーブログからいっしさんを知った人も多数集まっており、各人の情報網を使って〝こー〟を探す動きが見られるようになった。

その後、図らずも、いっしさんのブログは大震災で亡くなった人のブログの典型例として知られるようになり、しばしばまとめサイトなどで取り上げられるようになる。震災から1年経った頃には「2chからきました。ご冥福をお祈りします」といった書き込みが珍しくなくなり、書き込み欄は仲間内の追悼の場から不特定多数の読者が集う公共の広場のようになっていく。

スパム書き込みが見られるようになったのは、さらに1年経った2013年3月頃から。大震災を振り返る時期になるとこのブログを採り上げるネットメディアが急増する。それをきっかけにしてスパム業者に目をつけられるようになるというパターンだ。書き込み制限のないブログは、こうなると打つ手がない。ただ、それでもスパムまみれというほど悲惨な状況には至らなかった。

2015年頃もまとめサイトなどから訪れた読者の書き込みが散見されたが、「ごめんなさい。掲示板から軽い気持ちで来てしまいました」や「興味本位で覗いてしまってごめんなさい」など、謝罪という今までにないニュアンスを含む書き込みがみられるようになった。それに対して「偽善者」となじる書き込み、いっしさんを亡くなったとすることに疑念を抱く書き込みなども織り混ざっている様子が残っている。

そうした混沌も時の流れで落ち着くようになり、2020年以降は各々が墓前に語りかけるような落ち着いたコメントが連なるようになっている。

# 「ゆれるバスは終点にとまる」
# バス事故犠牲者の過去ブログに人が群がる

2012年4月29日、群馬県にある関越自動車道上り線藤岡ジャンクション付近で高速ツアーバスが防音壁に衝突する事故が発生した。原因は過酷な労働環境に置かれた運転手の居眠り。乗客乗員のうち重体の2人を含む39人が重軽傷を負い、7人が命を落とす大事故となった。

社会に与えた衝撃は大きかった。この事故は過当競争の果てのコストダウンで安全性が保てなくなっていた高速

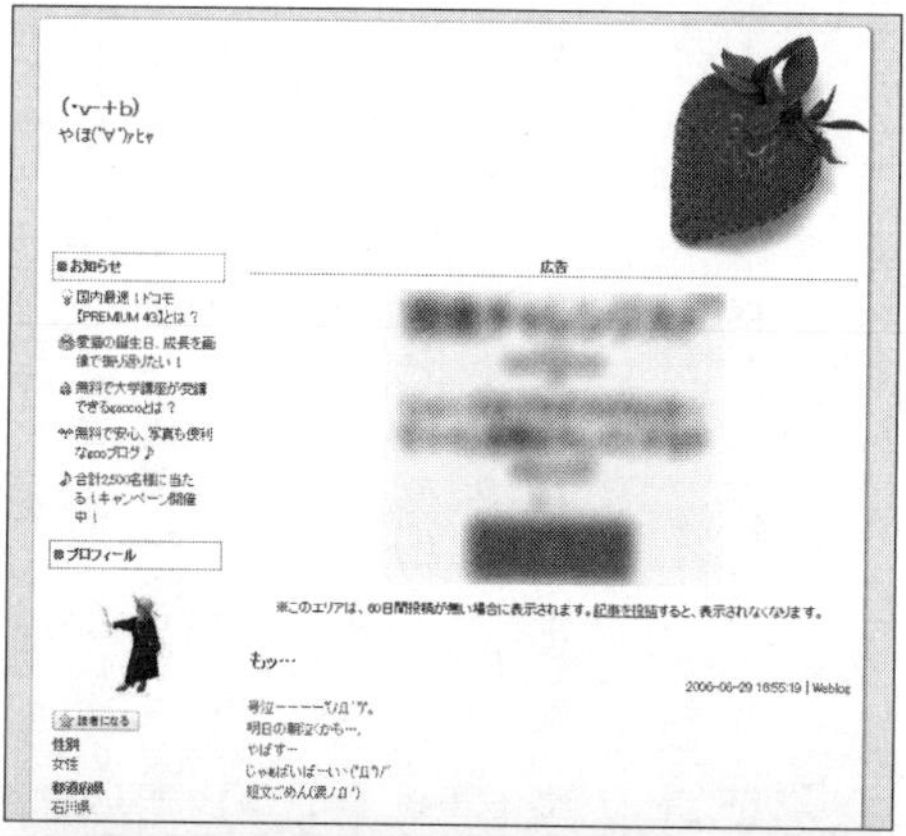


(･v -+b)
http://blog.goo.ne.jp/pooh11101218/

■最終更新:2006年7月30日
■亡くなった推定時期:2012年4月29日
■死因:事故

ツアーバスという業態自体が廃止されるまでの動きにつながっていく。

ここで取り上げるブログは、事故の最年少の犠牲者となった17歳の女性・Eさんが小学校6年生の頃に書いていたと思われるものだ。偶然にも6年後の悲劇を予見するような書き込みがあったことから、事故直後からネットで噂となり、予想だにしない形で耳目を集めることになってしまった。

ブログは2006年5月半ばから7月末までの2ヶ月半更新されていた。同じ学校の好きな男子にラブレターを書いたことや、友達と遊んだこと、好きなアイドルのことなどを絵文字つきで書き連ねる、年齢相応のごくありふれた内容だ。友達同士で見せ合うつもりで更新しており、記事やコメント欄はあだ名が飛び交っている。他の誰かの目に触れることはほとんど想定していなかったのだろう。一度だけ本名を載せている。比較的珍しい名前だったことから、これが高速ツアーバス犠牲者だと特定される決め手となった。プロフィール欄にある出身地や、犠牲者の年齢と符合する当時の学年も同一性を補強した。

ただ、それだけなら、有名な事故の犠牲者が子供の頃に書いていたブログに過ぎない。話題性を引き上げる源泉となったのは某日の日記についたコメントだ。仲の良い友達がクラスを離れることを悲しむ日記にこう書き込まれていた。

「繰り返す喜び　失敗そして今朝も定刻どおり
　ゆれるバスは終点にとまる

これを心がけよう」

長野県に住む年上の女性ブロガーによるもので、前後のやりとりがないためEさんとの関係性は不明だ。謎かけのようにも見える書き込みだが、SMAPが2003年にリリースしたアルバムに収録された『夏日憂歌』（作詞作曲・市川喜康）の歌詞に類似の表現があり、そこから引いた可能性が高い。悲しいことはあるけれど、毎日を繰り返すことでその傷は癒えていくよという励ましの意味合いが込められているようだ。

しかし、原曲を知らないとこの優しさは伝わらない。事故後にブログに辿り着いた多くの人の目には、隠喩に使った「バス」が、6年後の事故という死因を予言しているようにも映ってしまった。少なくとも、オカルトの色彩を帯びたことで話の種としての価値が跳ね上がった。

事故発生から時間も経たないうちに、この〝予言コメント〟の後ろには新規の書き込みが相次いだ。コメント欄はスパム書き込み防止のために画像認証機能を導入しているが、人力による荒らしは対処できない。マーキング目的で足跡を残すユーザーが相次ぎ、数年経った後も新規の書き込みが残されている。その痕跡は、心霊スポットと噂されて落書きまみれになった廃屋とよく似ている。

小学生に将来の惨事に備えた振る舞いを期待するのは無理がある。ましてや、いつどんな条件で降りかかってくるか分からない偶然の一致を避けきるのは不可能だ。Eさんの事例は対処しようがない、あまりに不幸な特殊ケースだといえる。

# 前日の焼き肉で胃もたれしてつぶやいた「きっと昨日で死んだんだ」が最後

事故被害者が残したページに予見めいた文言が見つかって注目を集める。そうしたケースは前節のEさん以外にもいくつかある。

今節のしゃべるくまさんの場合は自らがツイッターに残した最後のつぶやきが話題となった。投稿は2014年6月17日10時。

「きっと昨日で死んだんだ」

前日に食べた焼き肉のせいできつい胃もたれになり、自棄気味につぶやいた一連

**しゃべるくま@noir00402**（Twitter）

https://x.com/noir00402

■最終更新:2014年6月17日

■亡くなった推定時期:2014年6月18日

■死因:事故

の投稿のひとつでしかないが、この約22時間後の出来事によって一部のネットウォッチャーに特別視されることになる。

6月18日、NHKはその日に起きた交通事故をこう報じた。一部の情報のみ筆者判断で伏せている。

「18日午前8時20分ごろ、旭川市末広の国道12号線の信号機がある交差点で、右折しようとしたRV車と対向車線を直進してきた乗用車が衝突し、近くにいた自転車を巻き込みました。この事故で、自転車で登校途中だったX高校2年生で近くに住むFさん（17）が全身を強く打って死亡しました。また、乗用車に乗っていた近くの会社員Gさん（25）とY高専の5年生・Hさん（21）の、男女のきょうだい2人も搬送先の病院で死亡が確認されました。」

この「Y高専の5年生・Hさん（21）」がしゃべるくまさんだと〝特定〟されるまでに半日もかからなかった。被害者名で検索すると、しゃべるくまさんのツイッターアカウントから次の投稿がヒットするためだ。

「2011年10月30日：XXXX（※Hさんの本名）の性格を五つで表しました『天然　優しい　厨二　妄想好き　変態』　http://shindanmaker.com/160953 #bunsyousin
おい」

姓名を入力すると性格診断を返してくるジェネレーター「あなたの性格を五つで表した－」。10代の頃に遊んでみた投稿をそのまま残していたために、ハンドルネームの仮面を突き破ってネット上の人格が実名とひも付けられてしまったわけだ。

　やや珍しい氏名とはいえ、それだけの一致なら同姓同名の別人である可能性もある。多くのユーザーに同一人物とみなされたのは、氏名に加えて、プロフィール欄に「Y高専（所属）」、「北海道旭川（在住）」と、事故報道の被害者との同一性を補強する情報が並んでいたためだ。過去の投稿を辿ると事故当時の年齢も同じで、確かに矛盾点は見当たらない。

　事故当日の夕方、雑談掲示板の「おーぷん2ちゃんねる」には「今日交通事故で亡くなった女の子のＴｗｉｔｔｅｒ」というスレッドが立った。１レス目は、事故報道の抜粋と、被害者本人として、しゃべるくまさんのツイッター、特定の根拠となった「あなたの性格を五つで表したー」の診断結果のＵＲＬなどが列挙され、備考として最後の投稿「きっと昨日で死んだんだ」もまとめられていた。事故発生からわずか10時間後のことだ。

　事故や事件の報道で公に流れる被害者の氏名から、本人のＳＮＳやブログが発見されることは珍しいことではない。とくに若年層は、個人情報の管理が甘くて匿名性が簡単に崩れる傾向が強いようだ。そこに残された言葉に将来を予見するような偶然の一致があると、一気にネット上での流通速度が上がる。今後も同様のケースはたびたび発生するだろう。

# 訃報の一ヶ月後に2ちゃんねるで拡散 荒らしに遭ったその傷を今に残すブログ

「明日は。
いやーーな。生理予定日。
来るのかなぁ。来やがんのかなぁ。
来なくていいのになぁ。。。
。・・(ノД`)・。・。
ペスペスペスペスペス。。」

20代半ばのペスコさんが自身のブログ「ペスコの繁殖日記」をアメブロ(現アメーバ)に移転したのは2005年5月下旬のことだった。早く子供を授かるのを目標に夫婦間の夜の営みを明け透けに語る

**ペスコの繁殖日記～ Second Stage**

http://ameblo.jp/treename/

■最終更新:2005年8月4日
■亡くなった推定時期:2005年6月頃
■死因:不明

スタイルは元のブログどおりで、毎日のように脳天気な明るい日記がアップされていた。が、それは5月末に突然終わる。前触れなく更新が止まった3週間後、伴侶とみられる人物（以下、夫さん）が「妻へ」と題した日記を上げた。


「先日、妻が息をひきとりました。

服買いにいって来る。それが私の聞いた彼女の最後の言葉でした。

彼女への言葉をお目汚しとわかっていますが書かせてください。

ここなら彼女に届く気がするんです。

おまえが日記を書いている事はわかっていたけど
恥ずかしい気持ちもあり、覗くことはしないようにしていたんだ。

なんだか夫婦生活丸出しで書いてるなんて言うからさ。

今更見ることになってこんな所でおまえの言葉を目にするなんてそれもこんな形でなんて。」


死因は明かされていないが、文面から突然のアクシデントに見舞われた可能性が高い。この日記のコメント欄は突然の訃報に対する驚きと哀悼に溢れた。

それから40日経った頃、さらなる異変が起こる。2ちゃんねるの「ニュース速報（VIP）板」に「このブログ反則だろ…。」というスレッドが立ち、ペスコさんのブログのURLが貼られ、それを見た人々（俗に言うVIPER）がブログに押しかけたのだ。

「何で死んだの？」

「愛は素晴らしいお、二人がうらやましいお。でも、亡くなったのは悲しいお。」

悪気はなくても無配慮な書き込みはときに凶器となる。その日のうちにブログは人為的に荒らされた状態になってしまった。そして、荒らしはさらなる悪ふざけと悪意を招く。数時間の書き込み。

「⊂二二二（ ＾ω＾）二⊃ブーン」

「賞金目当てでこんな嘘付かないで下さい」

このときアメブロはアクセスランキング上位に入ると数万～10万円の賞金を進呈するキャンペーンを展開しており、それを狙ったやらせではないかという中傷だ。ブログ内外の人間関係が深く構築されており、元ブログを含めた足取りの長さからしても騙りを疑うのは無理があるが、そんな背景はお構いなしに何度も同じ疑いを投げかける文言が書き込まれた。

この事態を受け、夫さんは直ちにＶＩＰからの書き込みを削除し、翌日には過去の日記を一旦すべて非公開とした。その際にアップした日記が最終投稿となっている。

事態が沈静化した数ヶ月後には再び過去の日記を公開しているが、一部にＶＩＰＥＲからの書き込みが残っているほか、書き込み制限を設けなかったため、２００９年頃にはスパム業者による自動型の荒らし書き込みもつけられるようになった。しばらくして沈静化したが、二度の荒らしの痕跡は風化していない。

インターネット上に残った故人のページはコメント欄などでの仲間とのやりとりも含めて代えがたい形見となるが、こうした被害に遭うリスクもゼロではないのだ。

# 7年で7万超のコメントを集めて消えた飯島愛さんのブログ

2008年12月に亡くなった元タレントの飯島愛さんのブログ「飯島愛のポルノ・ホスピタル」は、両親の意向により約7年経った2015年10月末に閉鎖された。すでにネット上には存在しないが、死後にモニュメント化した典型事例として紹介したい。

飯島さんは腎臓に抱えた持病を理由に2007年3月に芸能界引退を表明した後も、2005年から続けてきた「ポルノ・ホスピタル」を毎

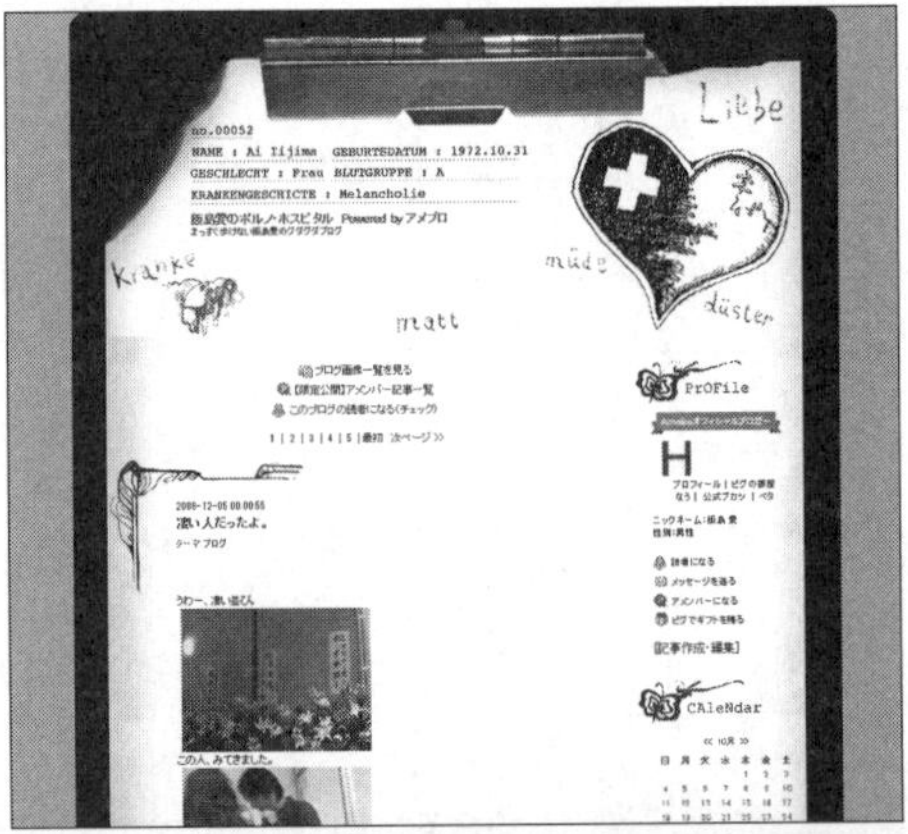


**飯島愛のポルノ・ホスピタル**

http://ameblo.jp/iijimaai/ ※閉鎖

■最終更新:2008年12月5日(2015年10月31日に閉鎖)
■亡くなった時期:2008年12月17日
■死因:病気(肺炎)

日のように更新していた。最終更新は2008年12月5日。ニコニコ動画のユーザーイベント「ニコニコ大会議」の様子を綴った簡素な内容だった。それから数日経っても新しい近況は上がってこない。日記が更新されるたびに数百や数千のコメントが寄せられる人気ブログだっただけに、ファンが異変に気づくのは早かった。

「愛チン、どうしたのかな？」

「大丈夫かなぁ？元気ないの？」

10日も経たないうちに心配するコメントが書き込まれるようになり、20日を過ぎたころにはその内容は深刻なトーンに変化した。そして24日、マスメディアに飯島さんの訃報が流れる。

死因は肺炎。36歳の若さだった。2週間近く続いた死の予感と心配が事実へと変わり、そこからは堰を切ったように怒濤の哀悼がコメント欄に溢れた。

まずは「ご冥福をお祈りします」が数秒開けないペースで殺到し、数時間しないうちに「嘘でしょ？」「信じられない」といった事実に抗うような書き込みが混ざるようになった。異常なペースは日を送るたびに少しずつ落ち着いていったが、数ヶ月経っても人が引き切る気配は皆無。ただ、最新の書き込みはいつしか自分の気持ちを整理して飯島さんに伝えるような長文が目立つようにはなっていた。

「愛ちゃん、天国でみてる？」

「愛ちゃん辛いよ幸せになりたい」

コメント総数は6年経たないうちに7万件を超えた。

ここまで綺麗にモニュメント化し、長らく機能した例は有名人のサイトでも滅多にない。それを支えたのは、何年経っても訪れることを辞めなかった大勢のファンと、基本的にはノータッチでブログを見守り続けた飯島さんの両親だ。そして、場を提供しているアメブロ（現アメーバ）が、死後も有名人ブログに施すコメント監視を続けていたことも見落としてはいけない。そうしたケアがないと、大量のアクセスを集める人気ブログのコメント欄は簡単に荒らされてしまう。

現実のお墓も定期的に雑草を抜いたり供花を差し替えたりする管理人がいないと、数年で目に見えて荒れていく。インターネット上の「お墓」も生きている人が関わっていないと、数年もしないうちに廃墟になって、意外と簡単に死んでしまうのだ。

数年かけて緩やかになった書き込みペースは、2015年9月中旬にテレビ番組で閉鎖予定が伝えられるとにわかに勢いを増した。最初は存続を嘆願する書き込みも多かったが、ブログの価値を理解して見守り続けたご両親が決めたとあって、しばらくすると閉鎖を受け入れる声がほとんどとなり、コメント欄は「いままでありがとう」「愛ちゃん、またね」といった感謝とお別れの書き込みで埋まった。そして11月、最終的に7万2000件超となったコメントとともにこのブログは役目を終えた。

# 第二章
# 死の予兆が隠れたサイト

本人は死因に気づいていない、
もしくは表に出す気はないが、
予兆が残されているサイト

# くも膜下出血の典型的な症状を投稿し それと気づかず翌日に亡くなった〝歌い手〟

ｎｔｍＰ（なつめぴー）さんは、動画共有サイトのニコニコ動画に自分で歌唱した「歌ってみた動画」を投稿する〝歌い手〟として活動していた。アイドル育成ゲーム「アイドルマスター」の楽曲を漁業絡みの替え歌で歌い上げることを得意としており、そのユーモアと若い男性らしい艶のある声色を愛でるファンは少なくなかった。

　ツイッター上では仲間やファンと旺盛に交流しており、

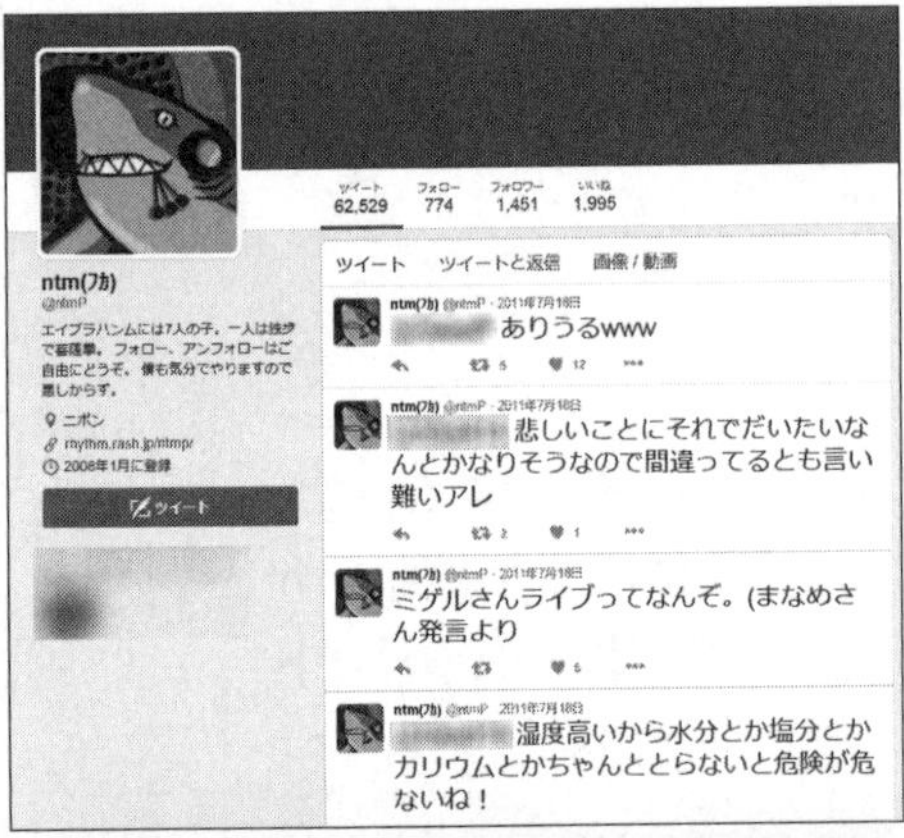
ツイート 62,529
フォロー 774
フォロワー 1,451
いいね 1,995
ntm(フカ)
@ntmP
ニポン
rhythm.rash.jp/ntmp/
2008年1月に登録
ツイート
ツイート
ツイートと返信
画像/動画
ありうるwww
悲しいことにそれでだいたいなんとかなりそうなので間違ってるとも言い難いアレ
ミゲルさんライブってなんぞ。(まなめさん発言より
湿度高いから水分とか塩分とかカリウムとかちゃんととらないと危険が危ないね！

**ntm（フカ）@ntmP（Twitter）**

https://x.com/ntmP ※凍結

■最終更新:2011年7月18日

■亡くなった推定時期:2011年7月19日

■死因:病気（くも膜下出血）

死の前日まで普段通りのやりとりを残している。異変は18日の11時過ぎに突然現れた。

「首から頭の中、目の奥に鈍痛がくるぐらいの妙な寝違えをして悶絶していた。脳血管でも切れたかとおもったわ…」

続けて2分後に次の投稿。

「マッサージチェアで肩首　↓全体ほぐしでさらに悶絶しつつもやっとこさ目の奥の痛みはなくなってきて寝違えこわいなーと思った。」

当日はこれらが最初の投稿だったので、寝起きから頭痛に苦しんでいたと思われる。心配する声に返信しつつ、普段通りのやりとりを正午まで続けた。

その後、ぱったりと更新がなくなり、次の報せは3日後の21日夜。交流のあった知人のツイートで届けられた。

「【報告】ご存知の方も多いと思いますが、7／19になつめさん（ｎｔｍＰ）がくも膜下出血で急逝されました。今、お通夜への参列が終わったところです。故人生前の遺徳を偲び、心からお悔やみ申し上げるとともに、ご報告いたします。」

最後の投稿の翌日に息を引き取り、翌々日の21日に通夜式が行われたという。近親者以外はこの訃報でｎｔｍＰさんの死を知ることとなった。急逝の衝撃自体相当大きかったと思われるが、18日の投稿がそれに大きな輪をかけたのも事実だろう。

くも膜下出血は、バットで殴られたような激しい頭痛や意識障害、嘔吐などを伴うことが多いと知られている。その典型的な症状がそれと気づかずに投稿されていることに、何かしらを感じ取る人が大勢いたのだろう。「首から頭の中～」の投稿は訃報後に200件以上リポストされ、彼の死のプロセスはニコニコ動画界隈の枠を越えて、複数の大手IT系ニュースサイトでも採り上げられるまでに至った。

没後数年経った頃にntmPさんの公式サイト（rhythm.rash. jp/ntmp/）は閉鎖された。ツイッターページはしばらくはそのまま残されていたが、2017年上旬頃から「不審な行為が確認されているアカウント」として表示制限を受けるようになり、やがてアカウント自体が凍結された。

ツイッターは、スパム行為や明らかな偽装行為、または嫌がらせや脅迫を含む攻撃的な行為を繰り返すアカウントが通報されると運営の判断によってアカウントの凍結措置が取られることがある。ntmPさんの過去の投稿を見てもそれらに該当するアクションは起こしていないように見えた。ただ、もうひとつの凍結事由として挙げられる「セキュリティが危険な状態にあるアカウント」には該当していたかもしれない。管理者が不在のアカウントが乗っ取られると対抗する術はなく、確かに高リスクな状態にあるとはいえる。

ntmPさんのページは多くのファンに見守られていた。死後も注目が続いたことで通報される機会が増えて、運営の判断により凍結に至ったのかもしれない。その真相は今も知れない。

# 熱中症でダウンと思いきや、実は脳卒中 突然死の恐怖を教えて去った女性ライター

「昨日、『午前中の試合だから大丈夫だろう』と、近所の野球場で高校野球を見ていたのだが、もののみごとに熱中症になりました（涙）。」

千葉県で主婦をしながらライター業を営む月餅さんは、真夏日が続く２０１５年７月21日の朝にこうつぶやいた。

年齢は50代前半。自宅で無償の塾を開き、高校三年生の息子やその友人たちに勉強を教えるなど、精力的な生活を送っていた。偏頭痛持ちで、

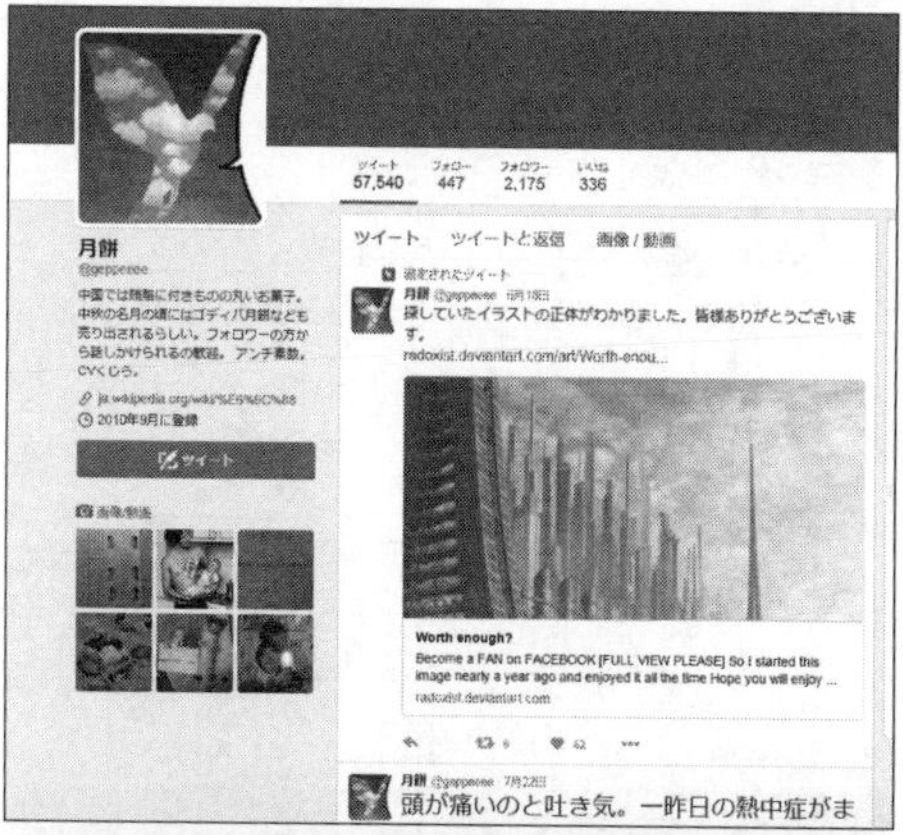


**月餅@geppeeee（Twitter）**

https://x.com/geppeeee

■最終更新:2015年7月22日

■亡くなった推定時期:2015年7月26日

■死因:病気（くも膜下出血）

ときに体調を崩すこともあったが、深刻な病気には罹っておらず、まずまず健康な日々。そこに訪れた異変だった。

「家に帰ってきてから頭痛と吐き気、それとものすごい寒気がしていたので寝てたんですが、夜になって模試から帰ってきた息子に『熱中症で寒気がある場合は救急車を呼ばなければだめだ』と叱られる始末。幸い私は持ち直しましたが、皆さんも『熱中症で寒気や熱痙攣がある場合は救急車』ですよ！」

寝床のままで1分後に投稿された言葉からは「熱中症」を過去の出来事と認識している心情が読み取れる。しかし、布団から出てみると全快していないことがわかった。

「@xxxxx　いかん　……起きてみたら目がぐるぐる回るので、また寝ます(うぅ)。」

それでも夕方には回復したようで、晩ご飯を作ったりもしたが、今度は油断せず、しばらくは養生すると意志を固める。21時の投稿。

「まだふらふらするので、明日行くはずだったボリショイサーカスは諦めねばならぬ(涙)。本当は今晩も遊びに行くはずだったのだ。ああ、昨日野球さえ観に行かなければなあ。」

しかし、翌22日の夕方には再び体調が悪化してしまう。

「頭が痛いのと吐き気。一昨日の熱中症がまだ治りきっていない。それでも洗濯だのご飯だのネットwだのしているからいかんのだろうな。」

この16時前の投稿が彼女の最後の更新となった。2010年にアカウントを取得して以来、平均して日に30以上の投稿を残してきた彼女のつぶやきがパタリと止む。

次に消息を伝えたのは26日21時に投稿された知人のツイッターだった。その日の朝、月餅さんはくも膜下出血により亡くなったという。

熱中症と思っていたが、実はくも膜下出血だった。熱中症の症状はくも膜下出血を含む脳卒中とも共通項が多く、医師でも見分けるのは簡単ではないという。そうした情報が、取り返しのつかない状態になった実例とともにネットを駆け巡るのに時間はかからなかった。当日のうちに複数の個人やメディアがこのニュースをまとめあげ、それぞれが多くの人に読まれ、SNSで拡散していった痕跡が残っている。また、原典である月餅さんの投稿には6000以上リポストされたものもあった。身近に潜む死の警告として、多くの人々の脳裏に焼き付いたと思われる。

一方、彼女を生前から知る人のなかには、残された投稿を改めて評価する動きもみられた。生前からの1400人超のフォロワーにとっては、月餅さんは警告に満ちた死に方をした誰かではなく、機知に富んで冷静な思考を持ったかけがえのない人物だ。あまりに強い伝播力がこのギャップを際立たせたきらいがある。

# 糖尿病を受け入れた矢先の急変で去った
# マルチクリエイター・秋元きつねさんの痕跡

フジテレビ系の子供番組『ウゴウゴ・ルーガ』のCGアニメや、PS用ゲームソフト『せがれいじり』のCG制作などで知られた、マルチクリエイターの秋元きつねさんは２０１４年10月20日に亡くなった。報道によると、死因は大動脈解離。人体でもっとも太い動脈に亀裂が走って大出血を招くもので、高血圧だったり高脂血症や糖尿病を患っていたりするとなりやすいといわれる。

**秋元きつねの巣**

http://kudan6.wix.com/kitune

■最終更新:2014年10月28日
■亡くなった時期:2014年10月20日
■死因:病気(大動脈解離)

確かに秋元さんは糖尿病だった。ただ、そう診断されたのは死のわずか4日前のこと。死を覚悟するにはあまりに早い展開だった。

秋元さんのブログ「Ｓｐｉｋｙ　Ｓｐｏｏｎ」（※閉鎖済み）を読むと、10月初旬に急に体調不良に見舞われたとわかる。知人のライブのついでに会津の実家に立ち寄って東京に戻った直後のことだ。10月10日の日記。

「会津から帰って来て、ずーっとダルかった。恐ろしいくらいダルく、ちょっと作業しては机離れて仮眠、の繰り返し。やたら喉乾くからなんか養分足りてないのかもと野菜ジュース、スポーツドリンク、フルーツジュース、どんだけ飲むんだよ！　ってくらい飲んだ。それでも水分ほしがる身体の皆さん。

何するにもぜんっぜん勢いが出なくて、どよ～んとしてる。

頭はハッキリしてるのに身体が全然ダメ。」

喉の渇きと身体全体の不調に加え、2日後には目の疲れも訴えるようになった。10月12日。

「最近目がすぐ疲れてなかなか作業進まず〝余計なこと〟が出来ない。（略）必要最低限の作業を休み休み。やるべきこと、やらなくていいこと線をハッキリして少しでも休めってことなのかな…」

身体の不調を客観的に分析しつつも、未体験の体調不良への戸惑いが覗く。この自身の状態を冷静に取材する姿勢は、15日にうつ剤を処方された後も貫かれた。

「えっ　そっち!?　オレが？

能天気が売りのオレがここまでダメージ食らう事は無い。う〜ん、仕事のプレッシャー・ストレスじゃないな。

（略）ま、それは時が解決すること。

せっかくの機会なんで人体実験中。

どういう事すると気が楽になるか。」

16日に糖尿病と診断された後も同様だ。

「こんなの作りエイターとしては必要ない情報だし晒す必要もないんだけど、ここは敢えて晒しましょう。心配されたい、構ってほしい、そういうんじゃないすよ。この立場にならないと見えない何かがある。そこ楽しんでもらったり、何かに役立ててもらえれば。

自分の考え方やものの見方も変わるだろうし、人との付き合い方、大切なものの優先順位、色々変わると思う。それが追々作品にも影響するでしょう。どうなることやら。」

おそらくは、その後何年も糖尿病と付き合うことになっても、このスタンスは変わらなかっただろう。それだけに、アウトプットの余地を一切与えない突然の死はいっそう不幸に感じられる。

秋元さんが生前残した多くの作品と仕事の成果は、現在も公式サイト「秋元きつねの巣」で辿れる。それがせめてもの救いかもしれない。トップページには友人一同による訃報が載せられており、没後も保護されていることが伝わる。

# 『小悪魔ageha』モデルの純恋さんが残した死の予兆と、没後の広がり

2008年に実売30万部の実績を残すギャル系ファッション誌『小悪魔ageha』の読者モデルとして人気を博した純恋（すみれ）さんは、2009年5月8日の公式ブログ「純恋童話」にこんな日記を書いている。

「男性はどちらかと言ったら
成り立たない派が多いね
　女性は成り立つ派が多い
　これは何でなのでしょう
（、・　ε・、）フムフム？
　って考えてたら

**純恋童話**

http://ameblo.jp/sumire-purelove

**純恋オフィシャルサイト**

http://www.sumire.org/

■最終更新:2009年6月3日

■亡くなった時期:2009年6月10日

■死因:病気（脳出血）

頭痛がして…
今日一日中頭痛がひどぃ純恋
中途半端な時間に起きちゃったケドまた寝て治します」
数日前に投げた「男女の友情は成立するのか」という問いについて、読者から届いた反応を考察している流れでの告白だった。この頭痛は、以降の日記でも「頭痛が治らないから病院に行って治してる」「純恋の頭の心配（?）させてごめんなさぃ」などたびたび触れられ、6月3日にはより具体的に綴られている。
「前のブログから、
ちょぃちょぃ
頭痛いとか具合悪いのを言ってたけど、
ちょっと身体の調子が悪くて
地元にひっそり帰ったりしてました（、・ ε・´）
ブログも書かず、
仕事も少しだけ休ませていただき…
おかげでスゴク元気になって帰ってきました（、・ ε・´）」
これが最後の更新となった。
6月10日、撮影現場に現れない純恋さんを心配した事務所スタッフにより、自宅で倒れているところを発見される。死因は脳出血。22歳の誕生日を7月に控える、あまりに急で早い死だった。

周囲が受けた衝撃も大きかったが、間もなくして事務所は今後も純恋さんの情報を発信する方針を固める。報道直後から、憶測や冗談半分で尾びれや背びれがついた情報が飛び交っており、正しい情報を流す必要性を感じたためだ。担当スタッフのブログ「純恋アルバム」(https://ameblo.jp/first-love-sumire/)に6日後にアップされた投稿にこう綴っている。

「それは、『公式サイト』を管理する我々オフィシャル事務局スタッフの『義務』であるとともに…

今の状況は『純恋は望んでいない！』と断言できるからです。

本当に心から優しい人でした。。。」

以降「純恋オフィシャルサイト」をはじめとした公式ページは、没後2年以上も更新が続けられた。純恋さんがライフワークとしていたボランティアプロジェクトの活動報告や、生前デザインしたネックレスの販売など、精力的な活動が現在も辿れる。

一方の「純恋童話」は止まったままだ。しかし、最後の日記のコメント欄は、没後15年以上経ってもファンからの書き込みが続いている。2024年6月時点でコメント総数はおよそ3万件に及ぶ。墓前や記念碑の前で自分のことを語りかけるような内容が多く、追悼を超えた特別な空気をまとっている。この変化は、50ページで解説した飯島愛さんのブログとよく似ている。コメント欄の書き込み制限がなく、水面下でアメーバによる最低限の荒らし監視が行われるのも同じだ。

# コミケの数日後、命を落とした同人作家
# 数日に亘る急変中の心の声が残る

胸を強調した絵柄が特徴的な成人向けの同人漫画作家・天野大気さんは2014年1月6日に亡くなった。12月31日にはコミックマーケット87（2014冬コミ）に参加するほど元気だったが、心臓周りの不調からかみるみる体調が悪化していった。多い日で200近く、平均で1日50件以上投稿する天野さんのツイッターには、急変する自分を見つめる思いが瞬間瞬間で残されている。

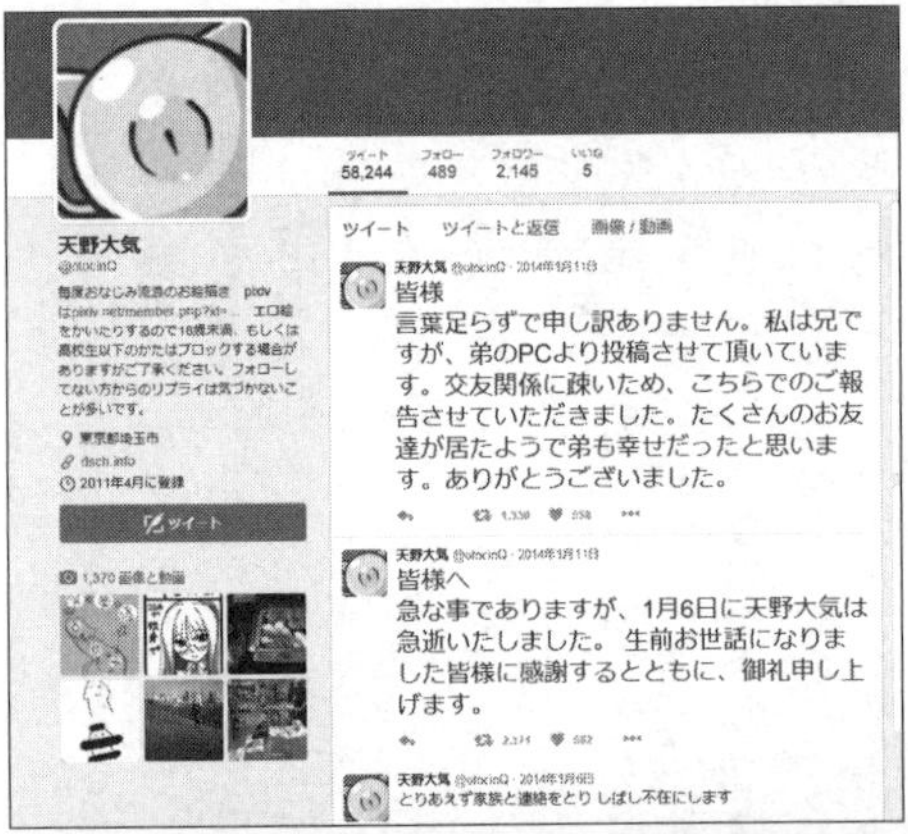
天野大気
@otocinQ
ツイート 58,244
フォロー 489
フォロワー 2,145
いいね 5
ツイート
ツイートと返信
画像／動画
ツイート
天野大気 @otocinQ · 2014年1月11日
皆様
言葉足らずで申し訳ありません。私は兄ですが、弟のPCより投稿させて頂いています。交友関係に疎いため、こちらでのご報告させていただきました。たくさんのお友達が居たようで弟も幸せだったと思います。ありがとうございました。
天野大気 @otocinQ · 2014年1月11日
皆様へ
急な事でありますが、1月6日に天野大気は急逝いたしました。生前お世話になりました皆様に感謝するとともに、御礼申し上げます。
天野大気 @otocinQ · 2014年1月6日
とりあえず家族と連絡をとり しばし不在にします

**天野大気@otocinQ**（Twitter）
https://x.com/otocinQ

■最終更新:2014年1月11日
■亡くなった推定時期:2014年1月6日
■死因:病気（心疾患?）

亡くなる直近の状況を見返すと、死に直結したと思われる最初の体調不良は12月6日にあった。同人誌の制作で疲れがたまっている頃だ。

「ゴミ捨てにいったらヤバいくらいに立ちくらみした。人間死ぬ時の疾患こうやって急に来るのかなってくらいに」

このときは尾を引く感じではなかったが、26日には重い体調不良に陥る。

「完全に体調を崩したときどき心臓が止まるもしや天野さんはもう死んでるのでは…?」

その後ゆっくりと復調し、前述のとおり一度は諦めた冬コミ会場に行くこともできた。元旦もそのまま普通に過ごせた様子だ。しかし、2日に再び体調を崩し、布団から立ち上がれないようになってしまう。それでも投稿のペースは落とさなかった。4日の投稿。

「風呂に入って景気づけだー！と思ったら風呂あがりに倒れたやばい」（12時24分）

「@xxxxx　疲れというかなんというかなんかずっと貧血か低血圧みたいな感じですねーなんだろう……」（12時28分）

「@xxxxx　家にいると別に大したことないんですがねー動くと急につらい」（12時32分）

「最近結構さくっと早死にしそうな気もしてきた。まあここ10年激務だったからな。」（12時33分）

翌5日、投稿は深刻なトーンを帯びていく。

「具合悪くて24時間くらい何も食えなかったからようやく買い物へと　治るものも治らん」（0時58分）
「200メートル離れたコンビニに行って帰ってくるだけで一時間経っててしかも玄関開けたままで倒れて気絶してた本当にやばいかもしれない」（2時3分）
「ちょっと返事とかできない感じですが正月から体調急変してますもしもということはあるかもしれません」（2時6分）
6日には緊急事態であることを疑う余地はなくなっていた。
「誕生日です。とうとう家の中を歩くことすらできなくなりました。治るんかなこれ……」（6時18分）
「入院・手術とかになるかもしれません。正直なところ、これは死ぬ病気かもしれません。弱った。」（8時37分）
「心臓がダメかもしれないんだ」（8時38分）
「個別リプや正確な報告が難しいですが、数日後にひょっこり元気になってる可能性もあります。だとしてもお騒がせなと叱らないでやってくださいね。」（8時43分）
「とりあえず家族と連絡をとりしばし不在にします」（8時47分）
この8時47分のものが、天野さん自身の最後の投稿となった。その後はスクリーンショットにある通り。実兄が投稿した訃報から、同日のうちに亡くなったことが分かる。30代半ばでの急逝だった。

# モデルゆえに極限まで開腹手術を拒んだゲイポルノモデル・真崎航さんの最期

「胃腸炎ーーーー。ここ数日もがいていました。胃腸炎はヤバい。痛い。動けないくらい痛い。（略）昨日まで死ぬかと思ってたけど病院で治療して大分楽になりました。またまたご心配おかけしました。」

　ゲイポルノモデルの真崎航さんが胃腸炎を訴える投稿をツイッターに残したのは2013年4月26日が最初だった。

　長年同棲したパートナーの

Masaki Koh（真崎 航）
@Masaki_Koh
I'm Japanese gay pornactor and model. XXXゲイポルノモデル。パートナーの天天は北京に住んでいます。今は愛猫のChloeと暮しています。たまに真崎航を脱いで自由きままになる時をつくろうと思います。人間だもん。現在胃腸炎療養中。生き地獄だぜぇ#
ツイート　ツイートと返信　画像/動画
腹膜炎の回復が悪く再手術になってしまいました。やっと水が飲めるところまで回復したと思ったのに。泣きそう…
お見舞いにきてくれた、
。本当にありがとう。
色々な方々からお見舞いのお話を戴きお気持ちは嬉しいですが今は静養したいので身近な人のみとさせていただいています。ご

**Masaki Koh（真崎航）@Masaki_Koh（Twitter）**

https://x.com/Masaki_Koh

■最終更新:2013年5月8日

■亡くなった推定時期:2013年5月18日

■死因:病気（腹膜炎関連）

男性がやむを得ない理由で中国に帰国し、それを機に新居に引っ越した矢先の出来事。青天の霹靂だったが、治療と友人たちの看病の甲斐もあり、新居で療養しながら順調に回復していく……はずだった。

この投稿の後、回復と悪化を短期間に繰り返すようになる。

「病院で点滴してうどんを食べて帰宅。しれ～っと天ぷらを取ろうとしたら抓まれてしまいました。

2日くらいは肉や油分は厳禁らしぃ。

体調が良いから家でピョンピョン動き回ってたら怒られた。」

「昨日は安静の範囲を越えていた様で朝から地獄だったので、今は安静っていうかもう動かない事にした。(、Д、)」

「昨日は痛みと空腹感の中聞いたから、今ふっ　…と思い出したんだけど…ぎゃ～～～～!!！病気なんかなってる場合じゃないよっ!!胃腸炎めっ!!ブッ殺してやりたい。早く体から出な。すっげぇ～仕事のチャンス～!!静養しますけどぉ～早く治って。実現したらぶったまげる!!早速夢の効果?!」

辛い状態ながらも、この頃は病状をあまり深刻に受け止めていない様子だった。翌月2日に急変し、病院に担ぎ込まれる。5月3日の投稿。

「…っという訳で昨日朝に容体が急変したわけで…。何かが破裂しそうな位痛かったわけで…　それでも病院行くのを拒んでいたらXX（※筆者注：男性パートナー）に担がれて、病院へ。盲腸破裂と腹膜炎を引き起こしていてダダこねてる場合じゃありませんでした。緊急手術は無事に住み入院していまーん。」

同日夜、腹膜炎となってもぎりぎりまで開腹手術を拒んだことを振り返る文章を投稿する。

「モデルだからお腹は切らないでくださいと最後までお願いしましたが、命の方を優先しましょう。って叱られました。運ばれて行く時に看護婦さんが胸ポケットからXが書いた手紙をこっそりみせてくれた。涙がとまらなくて何度もありがとうって言った記憶があります。助かって良かった命ある事に感謝。」

術後の状態は芳しくなく、5日後のつぶやきは弱気を覗かせている。

「腹膜炎の回復が悪く再手術になってしまいました。やっと水が飲めるところまで回復したと思ったのに。泣きそう…」

これが最後のツイートとなった。

それから半月経った5月24日、パートナーの男性が自身のツイッターに真崎さんの訃報を載せた。男性によると、腹膜炎の再手術は済んだものの、療養中に体中の血管内で血液が凝固反応する「播種性血管内凝固症候群」に陥ったのが直接の死因になったという。5月18日の早朝、29歳の若さで息を引き取った。

訃報からまもなくして、中国語や英語など、複数の言語を使った真崎さんの追悼記事がいくつもアップされた。国境を越えて活躍してきた彼の歩みが偲ばれる。

# 「ギリギリ崖っぷちの中での爆走!!」死の30分前に更新したブログが今も残る

2010年2月12日午前9時20分頃、琵琶湖のほとりの滋賀県草津市から三重県亀山市へ向かう新名神高速道路で、一台のワンボックスカーが横転した。乗車していた7人のうち、衝撃で男性2人が車外に飛び出し、うち一人が頭を強く打って死亡している。現場は片側二車線の直線で、見通しは良かったという。当時のニュース記事に添えられた写真を見ると、楽器やCDが散乱しているのがわかる。

**PIYO日和 Forever Love**

http://ameblo.jp/chibipiyobiyori/

■最終更新:2010年4月19日

■亡くなった時期:2010年2月12日

■死因:事故

乗車していたのは、ビジュアル系バンド・我羂道（がきどう）のメンバー全員とスタッフ一人で、亡くなったのはバンドのボーカルを担当するｐｉｙｏさんだった。バンドは当時ツアー中で、大阪の次のライブ会場である名古屋に向かうときに起こした事故だった。

彼を含め、メンバーの多くが公式ブログを書いており、事故直前の様子を綴った投稿がいくつか残されている。それらをかき集めると当時の車内の雰囲気が断片的に辿れる。

2月11日、大阪でのライブを終えたメンバーは近くのホテルで一泊した。ライブハウスでの初めての公演だったが、手応えは十分だった。複数のメンバーが日付の変わった深夜に、ファンへの感謝と充実した気持ちを綴り、名古屋会場に向けて気持ちを高ぶらせていた。そして早朝、ワゴンに機材やＣＤ、販促グッズなどを詰め込んで満載の車内に全員が乗り込む。7時半過ぎ、メンバーの一人が車内で缶コーヒーを手にした写真と「向かうぜ名古屋」の短文を投稿した。続けざまにハンドルを握った写真がアップされたのが7時40分過ぎ。名古屋に向けて出発したとみられる。それからおよそ1時間経った8時45分に、ｐｉｙｏさんが生涯最後となる短い文章をアップする。

「ギリギリ崖っぷちの中での爆走!!

走り屋りとっちが行ったりまっせぇ（≧▼≦）○」

その後はニュースで報じられているとおり。

翌13日には、メンバーのブログに事故の報告と謝罪が掲載された。それによると、ｐｉｙｏさんはほぼ即死状態だったという。タイヤがバーストしてハンドルを取られたことが大事故につながったとも伝えている。

ｐｉｙｏさんのブログはそれからしばらく動きがなかった。コメント欄を設けていないため、ファンの追悼コメントが殺到するということもなく、ただ静かに、亡くなる30分前までの彼の言葉が放置されているような状況だった。

ブログにピリオドが付けられたのは、およそ二ヶ月後の4月19日。我羇道メンバー・スタッフ一同の連名で訃報記事をアップし、続けて、ファンメールの受付窓口や、追悼ライブの報告記事を載せたのが最終更新となった。それでも「今までの投稿記事は全て現状のまま保存させていただきます」とのことで、生前の言葉をブルーシートで覆うような処理は厳として取っていない。

その後、我羇道は２０１３年11月30日のライブをもって解散した。

解散後も元メンバーは移転せずに元のブログに新たな活動を綴っており、他のメンバーのブログへのリンクも残している。ｐｉｙｏさんのブログはあれから何年も更新されていないが、生前の繋がりが完全に切れてネットを漂流するような状況にはなっていない。

# 婚活連続殺人事件の最後の被害者のブログ殺される1ヶ月前からの心境の変化が残る

結婚を餌に40代から80代までの男性を手玉にとり、最後は自殺に見せかけて関係を清算する。当時30代の結婚詐欺師・木嶋佳苗（※姓は当時のもの）による首都圏婚活連続殺人事件は、２００９年９月に木嶋の逮捕とともに白日の下に晒された。

殺人罪で起訴された3件の他にも、木嶋の周辺には複数の不審死が起きており、未遂を含めて詐欺や窃盗事件も少なくない数が発覚している。

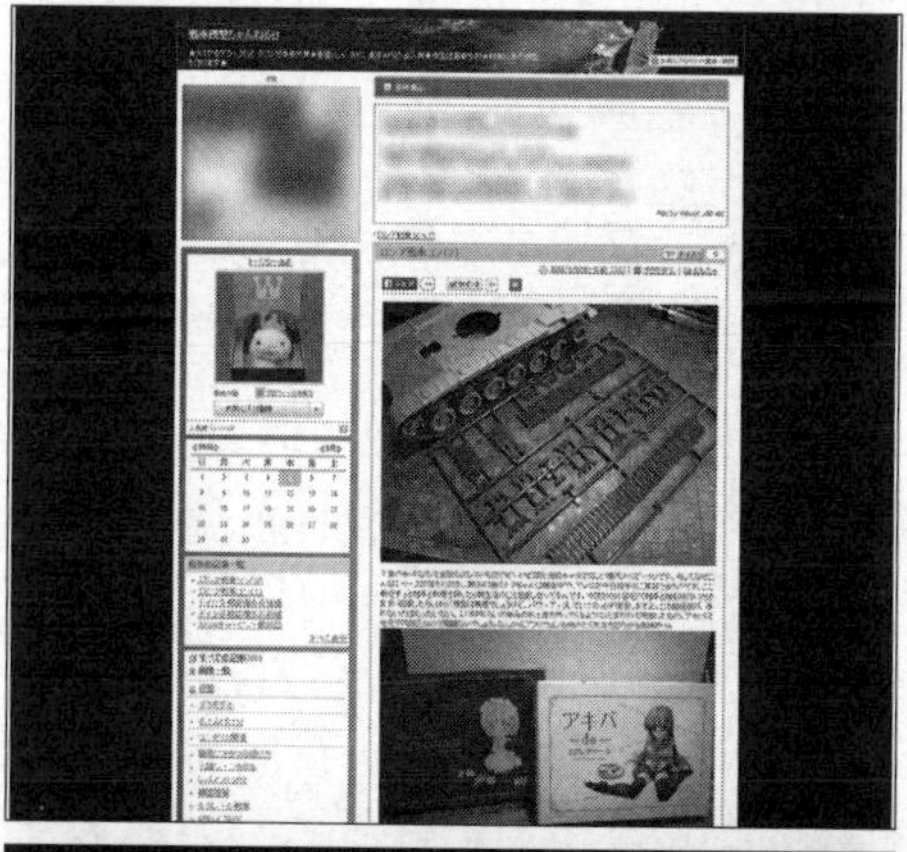

**戦車模型ちゃんねるB**

http://blogs.yahoo.co.jp/odyy8924 ※閉鎖

■最終更新:2009年8月5日
■亡くなった時期:2009年8月5~6日
■死因:他殺

2012年に4月にさいたま地裁で死刑判決が下され、2年後には東京高裁も一審の判決を支持。2017年の最高裁で上告を棄却する判決を下したことで、木嶋の死刑が確定している。

この連続事件の捜査の糸口となった最後の犠牲者である40代男性のブログは、提供元のYahoo!がブログ事業から撤退した2019年12月までそのままの状態で残されていた。

ブログのタイトルは「戦車模型ちゃんねるB」。趣味のプラモデルの制作過程を紹介するために2007年8月に開設したもので、得意とする装甲戦闘車両の模型を中心に、メーカー主催のコンテストで大賞を取るほどの腕前を披露していた。ハンドルネームはトーマシールド。模型界隈では当時から知られた存在だった。

ブログの内容は開設以来プラモデル一色でほぼ貫かれていたが、2009年7月からちょっとした変化がみられるようになる。これまで制作過程や完成品を写した写真は殺風景なものがほとんどだったが、唐突に飾りの演出が加わった。

「アメリカンな車両なのでウイスキーを置いてみました。」

「今夜はリッチにブランデーはいかがでしょう？（略）理性が吹き飛ぶお酒、それがブランデー。デートで飲むならこれでしょ。」

さらに数日後には、模型作りよりも優先するものができたことが示唆された。

「私生活に変化があって、もう今のハイペースでは作れなくなるかも。コンテストも参加を断念することが多くなるかも。」

仕事とプラモデルで埋められていたトーマシールドさんの生活に、何か大きな変化が起きている。そう考えられる記述が続いた後、8月5日に次の日記がアップされた。

「実は41歳のトマちゃんは婚活中でしてwつか今日相手のご家族と会うのです。ここ最近ずっと相手と新居を探したり新生活のことを話し合ってるんです。今夜から2泊3日で相手と婚前旅行に行きます。結婚したらしばらく模型は無理でしょうけど、パワーアップしていつか必ず復活しますよ。この超絶技巧、使わないのはもったいない。」

この記事の更新から24時間も経たないうちに、彼はレンタカーの中で一酸化炭素中毒により命を落とすことになる。

コメント欄は当時から誰でも投稿できる設定になっており、事件との結びつきが明らかになった事件発覚後は新たな報道や裁判の進展があるたびに多種多様な書き込みがつけられていった。最初はトーマシールドさんへの追悼と犯人への怒りを込めたコメントが混在とし、次第に裁判の行方を見守るコメントが中心となり、Ｙａｈｏｏ！ブログの終了が告知された後はブログの存続を望む意思表明やこれまでブログを残してきたことへの感謝の書き込みなども目立つようになった。

元のＵＲＬはすでに消失しているが、アーカイブ検索サイトにアクセスすると、トーマシールドさんの心境と最終投稿のコメント欄、どちらの変化もそのまま残されていることが分かる。

# 「365日の3分の1は自殺を考えている」日常に生きていた頃、湯川遥菜さんの独白

2014年の夏からの半年間、イスラム系過激派組織・イスラム国（ISIL）による邦人拉致殺害事件が連日マスメディアを賑わせた。その最初の犠牲者になった湯川遥菜さんは生前複数のサイトを運営しており、没後も消えずに存続しているものがいくつかある。とりわけ、「HARUNAのブログ」は一人の人間として彼を知るのに貴重な情報源となる。

このブログは2013年6

**♪ HARUNAのブログ ♪**
http://ameblo.jp/yoshiko-kawashima/

■最終更新:2014年7月21日
■亡くなった推定時期:2015年1月24日頃
■死因:他殺

月に開設され、同年9月から本格的に記事が投稿されるようになった。当時湯川さんは41歳で、実業家として次の展開を模索している時期だったようだ。ただ、ブログはビジネス目的ではなく、アイデンティティを再確認する独白の場として使っていた節がある。9月12日、湯川さんはこう告白する。

「僕の前世は、川島芳子の生まれ変わりなんです。」

川島芳子は、清朝皇族の王女・愛新覺羅顯玗として生まれ、日本の統治下で教育を受け、第二次世界大戦などで日本軍の工作員として活動した〝男装の麗人〟だ。川島芳子の波瀾万丈な生涯と両性性、それに時代背景が自らのこれまでの人生と重なったことで、40歳の頃に前世だと確信に至ったという。以来、断片的にゆっくりと「芳子時代」の記憶が戻ってきていると綴っている。

9月中旬からの3ヶ月強、川島芳子との同一性を再確認するように、湯川さんの半生を振り返る独白は勢いを増し、断続的に深掘りされていった。まとめて読むと、10代で社会に飛び込み、20歳で結婚と同時に自ら事業を興し、日米でビジネスを展開する実業家になるなど、バイタリティ溢れる生き様が見えてくる。同時に心の底にある希死念慮も見えてくる。11月9日の日記でこう振り返っている。

「僕は計算高いので失敗した時の事も考えた。若干ではあるが、まともな考える力が有った。どう言う事かと言うと男性の象徴である場所を切断し、切腹を図ったのだ！失敗した時は女性として生きようとも思っていた」

しばらくして妻に発見され一命を取り留めたが、男性器はこのとき失ってしまう。以降も自殺という言葉が脳裏をよぎることは珍しくなかったようだ。10月11日の日記。

「しかしここ数年、さすがに疲れが出てきたわ。３６５日の3分の１は自殺を考えている。死ぬ時のこだわりが僕には有って、綺麗に死にたいと。前世のトラウマが有るからだ！元々自分の寿命も知ってはいるが、そこまでもつか自信はない。僕は目的や理由が無いと生きれない不器用な人間だ。そして今はそれを見失っている。」

自殺に至らない代わりに、彼は新たな目的を手に入れた。２０１３年12月に立ち上げた民間軍事会社・ピーエムシーがその母艦だ。会社概要には「国際平和を図る」「アジア地域の貧困を無くす」など大義が並ぶ。この目的の下、年明けには本格的に動きだし、中東諸国に入国してＹｏｕＴｕｂｅにルポ動画をアップするようになる。対照的に、ブログでの独白の頻度は急激に落ちていった。最終更新は２０１４年7月21日。タイトルは「再び、紛争地域の戦場へ」とある。

「まだ渡航まで数日時間があるので、目的地は書けない。

何か毎月行っている気がする。

今回は1ヶ月弱滞在するのでブログの更新はその帰国後になる。

多分、今までの中で一番危険かもしれない。」

実際、同月29日には二度目のシリア入国が確認されている。それからの動きは、多くのマスメディアで語られたとおりだ。

# 社で引き継いで守り続ける「できる」シリーズを生んだ編集者のHP

「あれは、確か『できるシリーズ』を立ちあげて、地獄の『素朴な疑問に答える本』を作っている頃です。はじめて会社で倒れたのは。午前中まで元気よく『入稿も終わったし、次の企画会議だ！』と盛り上がっていたのに、午後になったら突然気分が悪くなって。」

　画像や写真をふんだんに使ったITツールの入門書「できる」シリーズを生みだしたことで知られるIT系メディアの革命児・山下憲治さ

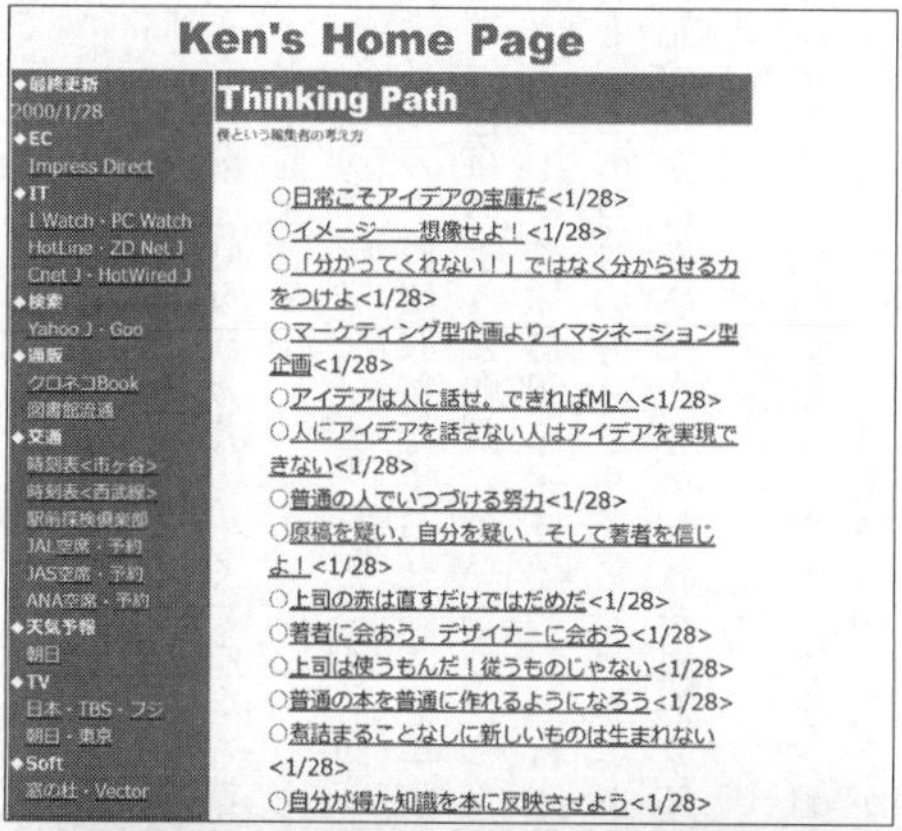
Ken's Home Page
◆最終更新
2000/1/28
◆EC
Impress Direct
◆IT
I Watch・PC Watch
HotLine・ZD Net J
Cnet J・HotWired J
◆検索
Yahoo J・Goo
◆通販
クロネコBook
図書館流通
◆交通
時刻表<市ヶ谷>
時刻表<西武線>
JAL空席・予約
JAS空席・予約
ANA空席・予約
◆天気予報
朝日
◆TV
日本・TBS・フジ
朝日・東京
◆Soft
窓の杜・Vector
Thinking Path
○日常こそアイデアの宝庫だ<1/28>
○イメージ――想像せよ！<1/28>
○「分かってくれない！」ではなく分からせる力をつけよ<1/28>
○マーケティング型企画よりイマジネーション型企画<1/28>
○アイデアは人に話せ。できればMLへ<1/28>
○人にアイデアを話さない人はアイデアを実現できない<1/28>
○普通の人でいつづける努力<1/28>
○原稿を疑い、自分を疑い、そして著者を信じよ！<1/28>
○上司の赤は直すだけではだめだ<1/28>
○著者に会おう。デザイナーに会おう<1/28>
○上司は使うもんだ！従うものじゃない<1/28>
○普通の本を普通に作れるようになろう<1/28>
○煮詰まることなしに新しいものは生まれない<1/28>
○自分が得た知識を本に反映させよう<1/28>

**Ken's Home Page**

https://www.impress.co.jp/staff/ken/

■最終更新:2000年1月28日
■亡くなった時期:2000年7月7日
■死因:病気（小腸がん関連）

んは、2000年に34歳の若さで闘病の末にこの世を去った。

30歳を過ぎた頃から体調不良に悩まされるようになり、小腸がんと診断されて開腹手術も経験した。それでも創業時から所属する出版社・インプレスで精力的に仕事をこなし、そのアウトプットは大きな反響を呼び続けた。とくに有名な業績は、日本で初めての有料メールマガジン「INTERNET Watch」の立ち上げだろう。月額300円でインターネットに関するニュースを毎日配信する新しいメディアは1万8000人の読者を集めた。メールで直接収益を得る仕組みを実現したことはIT業界を驚かせた。しかし、体調は仕事のように順調にはいかなかった。

会社の公式サイトにあるスタッフページで、日記を綴り始めたのは1998年のこと。メインコンテンツは編集者としての自分の考えをまとめたコラムで、日記は添え物といった位置づけだ。その日記のなかにたまに自らの病状を窺わせるものがある。冒頭に挙げたのもそのうちのひとつだ。こう続く。

「その後、結婚し子供もできて『そろそろ保険も強化しなきゃ』と、日生のおばさん攻撃に屈しようと思った矢先に入院。入院の前日に日生の方から電話がきて『いやー、明日から入院なんです』っていったら、『お大事に』の一言で切られてしまって。いや、その方に悪気はなかったんだと思いますが、『そうだよな病気したらもうセールスの対象にもならんのだよな』と実感したのでした。」

日記は「こういうときのためにちゃんと保険のことを考えよう」という論旨で、病気の深刻さを伝えるような重い調子はない。日常の気づきを書こうと思ったら自然と病気のことが多くなっただけで、ことさら病気について書きたいわけではない様子だ。

やはり、書き残しておきたいのは仕事に関することだった。

山下さんのホームページは1年半以上更新されたが、体調の悪化に伴い、徐々に頻度は下がっていった。最終更新は2000年1月28日。後進に最後の訓示を残すかのようにメインの記事を一気に15本アップした。

最後の15本のうちのひとつ、『『分かってくれない！』ではなく分からせる力をつけよ』ではこう綴っている。

「我々は、企画屋（プランナー）であり表現者の端くれである。しかも、書籍という『他人に理解してもらうためのもの』を作っている。それなのに、社内に企画書を通そうというときに、説明する努力の前に『この人は分かってくれない』という理由であきらめてしまうときがある。だが、僕はこう思っている。上司を説得できない企画書が果たして読者を喜ばす企画なのだろうかと。

いや、そんな理想論ばかりではないでしょという声もあるかもしれないが、上司が『OKしそうなつぼ』を見つけ出して、どんな企画でもOKを取ってしまうというのも私は1つの編集技術だと思っている。つまり、企画書とは『対象読者＝上司』という書籍のようなものだと考えればよいのだ。そして、目の前にいる上司を読者として分析したものは、今後上司以外の読者を分析する際にも参考になるだろう。

これから私以外の誰かが上司になるわけだが、この気持ちは忘れないで欲しい。新しい上司が『だめ』って言ったら『ほう！この企画書ではつぼは押せなかったのね』というぐらいの気持ちでいて欲しい。」

こうした訓示や当時の日記が今も読めるのは、運良く残っていたからではなく、インプレスが社として正式に管理を継続しているからだ。かつて同社の会社概要には、役員一覧の下に「特別功労者」という項目があり、そこに唯一、山下憲治さんの名が刻まれていた。「Ken's Home Page」へはここからジャンプできる仕様にしていた。

2024年現在の会社概要では特別功労者の項目がなくなっているが、山下さんのページは何も加えず、何も減らさずに引き続きインプレスのドメインで管理されている。功労者への敬意の払い方として、ひとつのサンプルになりうるだろう。

# 50歳で「急逝」したレーシングドライバー しかしブログには闘病の痕跡が残る

スーパーＧＴや前身の全日本ＧＴ選手権で活躍したレーシングドライバー・山路慎一さんが、２０１４年５月26日に亡くなった。前日の25日に突然体調を崩して入院したものの、体調は回復に至らなかったという。50歳だった。死因は非公開だったので、山路さんの死を伝えるニュースの見出しには「急逝」の文字が躍った。

ただ、この「急逝」が全く健康な人が突然亡くなった

## 山路慎一の説教部屋

http://ameblo.jp/yamajis1/

■最終更新:2014年5月24日
■亡くなった時期:2014年5月26日
■死因:病気?(不明/非公開)

ニュアンスでないことは､死の2日前まで更新していたブログを遡っていけばわかる。山路さんは「病気」や「入院」という言葉をほとんど使わず、重い病状を気づかせないような書き方を徹底していたが、全体を読むと徐々に病状が重くなっていく様子が次第に見えてくる。本人は望まなかったかもしれないけれど。

ブログを開始した2010年3月から2013年の秋頃までは、毎日のように更新しており、1日に数件アップすることも珍しくなかった。更新回数は月に20から80件ほど。国内の主力サーキット場である富士スピードウェイで務める競技長の仕事や、業界育成に向けた提言、レースや日常を楽しむ様子が写真付きで綴られており、レーサーを引退した後も充実した日々を送っていたと伝わってくる。

しかし、この頃はすでに体調維持に苦労していた様子だ。2013年秋からガクンと更新回数が落ち、同年12月は11本だった。12月21日の日記では、ありのままの現状を残している。

「タイトル：充電！

この時期はご挨拶やら来年の打ち合わせで忙しい時期ですが、今年は充電の為に時間をたっぷり使っています。真夏の暑さから年末の極寒まで体調管理が上手く出来ずに多くの方に迷惑と心配をおかけしました。改めてありがとうございます。」

2014年に入るとさらに更新回数が落ち、2月から4月は一桁だった。5月に入ると再び頻繁に更新するようになるが、同時に病状についても踏み込んで表現するようになっている。これまで「体調回復」「体のケア」という言葉をたびたび用いていたが、50歳の誕生日である5月3日の日記では「病気」という文字が表に出た。

「タイトル：ありがとうございます。

50歳になりました。本日無事に誕生日を迎えることが出来ました。

ずっと病気と闘いながら夢のようです。係わったお医者さんが一番驚いていることでしょう。車椅子の生活が楽なのですが、出来るだけ頑張ります！まだまだなんとかなるさ♪」

そして、14日には意味深な日記をアップする。

「タイトル：黒簾

意味わかります？

レース関係者なら知ってますよね？」

黒簾（ブラックフラッグ）は、ドライバーを強制的にピットに戻すために掲げられるフラッグで、アクシデントやルール違反があった場合に使われる。コメント欄にはモータースポーツ界からの引退を心配する書き込みがあったが、それに対して山路さんは「体調が回復すれば仕事しますよ！」と答えている。

最後の更新は24日。時事問題を論じたもので、自身のことにはほとんど触れていない。本人もこれが最後だと思っていなかったのかもしれない。

# 闘病は明かせど、死の連想は拒否し続けたイラストレーター・水玉螢之丞さん

手術や入院の事実は伝えつつも、病名は亡くなるまで公にしないという人は少なからずいる。周囲に大きな心配の渦ができることを好まなかったり、病名を明かした結果、色眼鏡で見られることを恐れたり、病状を直視する機会が増えるのを嫌ったりと理由は様々で、またそれらが混在していることも多い。

SFマガジンや週刊ファミ通などでイラストコラムを執筆していた漫画家でイラスト

**水玉 螢之丞@miztama1016(Twitter)**

https://x.com/miztama1016

■最終更新:2014年12月15日

■亡くなった時期:2014年12月13日

■死因:病気(不明/非公開)

レーターの水玉螢之丞（みずたまけいのじょう）さんも、2014年12月15日に亡くなるまで、ツイッター上で病名を明かすこと、実情を知る人達が病状を匂わすことを拒否し続けていた。

しかし、闘病の足跡は過去の投稿からある程度見えてくる。水玉さんは2010年8月にアカウントを取得して以来、平均で日に40件以上つぶやくほどツイッターを愛用しており、通院や入院、手術などへの言及は隠していなかったためだ。

最初の異変は2013年5月31日。午後に救急車で搬送されて、そのまま入院となった。担ぎ込まれた当日、「いろいろあって入院なう。一週間ぐらいできれいなカラダになって」とつぶやいているが、検査結果から手術が必要と判断され、一ヶ月半の長期入院となった。入院中もパソコンやペンタブレット、ネット回線を持ち込み、イラストの仕事ができる環境を整えていたが、心身ともに弱っているようで、普段通りとはいかなかった様子だ。

以後も、年内に少なくとも4回の入院を経験し、年末には大きな外科手術を受けている。水玉さんは病気に関わるイベントをあまりリアルタイムでは言葉にしないが、一定期間経った後に振り返るかたちで言及することがしばしばある。このときの手術も半年以上経ってから知人とのやりとりで、「オレも去年のクリスマスに右肺を1／3ほど切除しました。」と明かしている。

この手術前後は、ナーバスな感情がとくに強くなっていた様子だ。重い病と向き合わざるを得ない当事者として、正直な気持ちをいくつか残している。２０１３年12月21日の投稿。

「入院したとかのツイートを黙って『お気に入り』する人って、『ええっ！お大事に』とかリプするのは押し付けがましいとか考えてて、『TLで見落としたわけじゃないよ』って表現に使えると思ってんのかな　…ソレぜんぜん違うしいっこも気配りじゃねえw　食らった本人はわりとムッとするからやめよう。」

手術明けの２０１４年1月3日には、寂しさも口にする。

「まあオレはリアルで友だち少ないからtwitterでぼっちになるとよけいダメージでかいんだけどw　リアル病人の無駄な愚痴じゃないツイートは気にかけてあげような。あと病弱な人は普段の不調ツイートは減らそうな　w」

２０１４年も入退院を繰り返し、やや神経質なやりとりも散見されたが、亡くなる直前まで、死を連想させる病名や病状、心情は厳として表に出さなかった。リプライを除く水玉さんの最後の投稿は11月30日のもので、ツイッターのやりとりで生まれた「さんぽさん」を描いたイラスト作品を紹介するものだった。

それから2週間更新が止まり、12月15日に伴侶が訃報をアップした。右上の通り、本人の意思を汲んでか、病名はここでも伏せられているが、メディアに上がった訃報のいくつかには病名が明記されている。55歳の若さだった。

# 自らの「終活」を完遂した金子哲雄さん
# 公式ページは時を止めたまま

２０１２年10月、肺がんに似た症状を引き起こす悪性腫瘍・肺カルチノイドによって41歳の若さでこの世を去った流通ジャーナリストの金子哲雄さんは、生前ごく近しい人間を除いて病気のことを伏せていた。

その一方で、自らの余命と真正面で向き合いながら、公正証書遺言の作成から葬儀のプロデュース、納骨場所の指定にいたるまで、完璧な仕事を成し遂げており、突然の訃

**流通ジャーナリスト金子哲雄のWEBマガジン/Marunouchi Online**
http://www.marunouchi.net/
**金子哲雄（流通ジャーナリスト）**
**@GEKIYASUO（Twitter）**
https://x.com/GEKIYASUO/

■最終更新:2012年5月頃
■亡くなった時期:2012年10月2日
■死因:病気（肺カルチノイド）

報と見事な死に様という二つの衝撃で世間を驚かせている。亡くなる5日前まで闘病の記録を執筆し、前日の夕方には雑誌の電話取材、深夜には主治医たちにお別れの挨拶をしながら雑誌のコメント記事の校正を行い、日付が変わってまもなくに妻に看取られながら息を引き取った最期は、没した翌月に出版された最後の著書『僕の死に方 エンディングダイアリー500日』（小学館）に詳しい。

立つ鳥跡を濁さずを地で行った金子さんだが、インターネットの公式ページは生前のままの状態で残していった。その痕跡を辿っても、忍び寄る死を匂わすような記述はほとんどみられない。とくに「Marunouchi Online」は、病名判明前からコラムや関連ブログの更新が滞りがちで、単に次第に更新されなくなって放置されただけのようにも見える。トップのコラムの最終更新は2011年3月で、ページ下方にある「毎月の挨拶」は2012年1月。テレビやラジオ番組の出演情報も2012年6月初旬の告知が最新のままとなっている。いかにも廃墟サイトの様相だ。

しかし、ツイッターは亡くなる3日前まで更新している。ここにも闘病の心情を匂わすような言葉は残していないが、琴線に触れられる投稿がわずかにみられる。例えば、金子さんは毎日出演番組の告知やフォロワーへの返信に明け暮れていたが、末期の肺がん（後に前述の肺カルチノイドと判明）と診断された日から十数日は投稿が途絶えている。その後、体調不良によりレギュラー番組の降板を余儀なくされるようになってからは、まれに「最近、体調があまり調子よくなく、もっぱら、自転車を磨く毎日です」といった不調を認める記述が見られるようになった。それでも、不必要な「私」を表に出さない基本姿勢は保ち続けた。

唯一、意識的に特別な感情を込めたと思われるのは、2012年4月30日23時頃にポストしたものだ。

「こんばんは。私事ですが本日、41歳の誕生日を迎えることができました！ひとえに応援して下さったみなさま、両親、そして妻のおかげです！本当にありがとうございます！今の仕事をいつまで続けられるか、わかりませんが、1秒1秒、大切に生き抜きたいと存じます。今後ともよろしくお願いいたします！」

病気を知らない読者からすれば、誕生日の抱負程度に映っただろう。そう捉えられる範囲でぎりぎりの独白をしたのかもしれない。

明確に死を感じさせる痕跡は、残された投稿に対するフォロワーの返信しかない。亡くなった2012年10月2日を境に、最後の数件の投稿には内容とは直接関係がない哀悼のメッセージが多数の読者から付けられるようになった。公式の追悼の場がないとき、人は故人の周辺で何かしらの書き込める余地を探すものだ。

# 胃潰瘍と告げられ、その2ヶ月後に死去
# 仕事とスロットに明け暮れた男性の最期

関西の中規模工場で働くハリスさんは、２００５年11月に趣味のスロットについて語るブログを始めた。仕事に熱中し、「情熱の国」出身の妻や3匹の猫をこよなく愛する。そして、ときにこっそりとパチスロ店に出向き、スロット台にギャンブル欲を注ぎ込む。

そんな平和な日常に暗雲が立ちこめたのは２００６年２月のことだった。同月21日、ほぼスロット一色のブログに

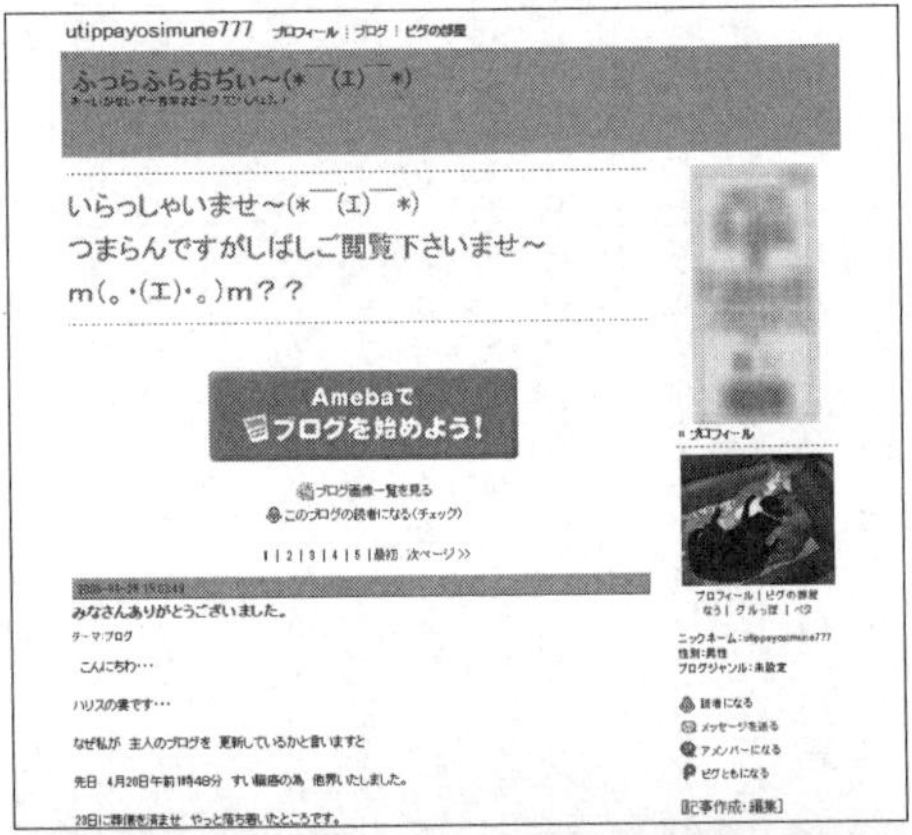
utippayosimune777 プロフィール | ブログ | ピグの部屋
ふっらふらおぢぃ～(*￣(エ)￣*)
いらっしゃいませ～(*￣(エ)￣*)
つまらんですがしばしご閲覧下さいませ～
m(。・(エ)・。)m??
Amebaで ブログを始めよう!
ブログ画像一覧を見る
このブログの読者になる（チェック）
1|2|3|4|5|最初 次ページ>>
みなさんありがとうございました。
テーマ:ブログ
こんにちわ…
ハリスの妻です…
なぜ私が 主人のブログを 更新しているかと言いますと
先日 4月20日午前1時48分 すい臓癌の為 他界いたしました。
20日に葬儀を済ませ やっと落ち着いたところです。
プロフィール
ニックネーム:utippayosimune777
性別:男性
ブログジャンル:未設定
読者になる
メッセージを送る
アメンバーになる
ピグともになる
記事作成・編集

**ふっらふらおぢぃ～(*￣(エ)￣*)**

http://ameblo.jp/utippayosimune777/

■最終更新:2006年4月25日
■亡くなった推定時期:2006年4月20日
■死因:病気（膵臓がん関連?）

異色の日記がアップされている。

「みなさん…・ご無沙汰しております…（￣（▽）￣；）

シャバの空気は美味いぜ!!

（－（ｏ）－）ｙ－ ｡｡｡

…って…・

逮捕された訳ではなくて

検査入院してました!!

（￣（▽）￣；）」

引用では省略しているが、行間をとことん空ける当時流行した体裁でたっぷり間を開けて、更新のなかった10日間の出来事を振り返っていく。11日の勤務中に腹部に激痛が走り、救急車で運ばれて治療を受けた後、そのまま検査入院となったという。病院で一週間過ごした後に医者から告げられた病名は胃潰瘍。仕事や酒煙草を控えめにするように忠告を受けたのみで、とくに後を引きずるような心配が隠れているような雰囲気ではなかったそうだ。ハリスさんも安心し、体調を気遣いながら、すぐに普段通りの生活に戻っていった。

しかし、本当の病名は違ったらしい。4月25日、妻のものとみられる投稿が残されている。

「こんにちわ…

ハリスの妻です…

なぜ私が　主人のブログを　更新しているかと言いますと
先日　4月20日午前1時48分　すい臓癌の為　他界いたしました。
23日に葬儀を済ませ　やっと落ち着いたところです。
この間入院した時に　癌が　発見され　既に手遅れでした。
その時に　余命半年と　言われたのですが
なんせ仕事人間でしたので　寝ずに仕事をして無理をしてました。
私は　手伝うこともできませんでした。
今月に入っても忙しく　無理しないでね…としか言えなかった。
本人には　胃潰瘍と言ってしまったのが　いけなかったのでしょうか…」
職場に復帰したあとも、クライアントからの無茶な依頼に連続の徹夜でどうにか応え、余裕ができたらスロット台に数万円つぎ込むなど、通院や医者の忠告を守るよりも仕事と趣味を優先する生活を続けた。そのせいか、限界は半年どころか2ヶ月先に訪れた。4月11日再び会社で倒れ、15日に意識を取り戻したものの、18日には容態が悪化。そのまま帰らぬ人となったという。
ハリスさんは意識を取り戻した間にこのブログの存在を妻に打ち明け、放置したままになっていることを気にしていたそうだ。そのとき自らの身に起きている異変をどこまで知ったのか、その具合はおそらく永久にわからない。2000年代には本人へのがん告知が一般化しており、病名を偽り通すのは簡単ではなかったのは確かだ。

# 第三章
# 闘病を綴ったサイト

病気の日々を長期間書き連ねているサイト、
死と向き合って生きてきたサイト

# オルタナティブな闘病の姿勢を貫いた30代編集者・奥山貴弘さんの〝ガン漂流〟

自身の闘病の記録を残すためのサイトはインターネット黎明期から見られるが、奥山貴弘さんが自らのサイトに綴った肺がんとの闘いは、これまで闘病記とは遠いところにいた読者を大量に振り向かせた意味で新しかった。

２００２年12月、当時31歳だった編集者兼ライターの奥山さんは体調を崩して入院し、翌1月に肺がんであることと、余命2年であることを告げられた。

**TEKNIX**

http://teknix.jp/ ※オールドドメイン化

**32歳ガン漂流エヴォリューション**

http://www.publiday.com/blog/adrift/ ※閉鎖

■最終更新:2010年1月16日

■亡くなった時期:2005年4月17日

■死因:病気(肺がん関連)

ショックを受けるも、冷静に状況を飲み込んで今後の人生をアウトプットしていく覚悟を決める。第一歩は自身のホームページ「TEKNIX」で公開した日記コーナー「31歳ガン漂流」だった。2003年1月7日の更新に決意が見える。

「オレは文章で喰っている。

今回のようにガンにかかってしまったことすら、究極的には文章のネタとして捉えていかなければならない。(略)

だから、このリアリティの無さも文章という形で表現するしかない。そして、それが唯一オレにできること。」

「とにかく、シメっぽくない、悲しくない感じ」を目指し、深刻な感情表現を極力排して明るい調子で綴られる闘病記は評判を呼び、同年11月にはコーナー名と同じ「31歳ガン漂流」のタイトルで書籍化を果たす。カバーイラストを人気漫画家のやまだないと氏に依頼し、紙面も本作りのプロとして細部まで追究した。そのポップな闘病記は若年層の間でも反響を呼び、テレビを含む多数のメディア出演につながっていく。

勢いもそのままに、2004年6月からは日記をブログ「32歳ガン漂流エヴォリューション(ガンエヴォ)」に移し、宣告された余命期間を過ぎた2005年3月に同名の書籍を発行。前作に続く「闘病記らしくなく、奥山貴弘らしい」本に仕上げている。

快進撃を続ける間もがんは着実に身体を蝕んでいった。2005年3月25日のブログが生々しい。

「地獄絵図とかに出てくる『餓鬼』っていうのがいると思うのだが、アレのような体型になっているのだ。手足は半分ぐらいにやせ細っているのに、まるで妊婦のように腹だけせり出している。へそなんか内側から押し出されてフラットな状態になっている、いわゆる『カエル腹』というヤツだ。（略）

別に弱音を吐きたいとか、お涙頂戴とかを展開したい訳ではないというのはもう分かってもらえていると思う。『地震の死傷者○○人』とか『交通事故死○○人』とかの情報を見て泣く人はいても『お涙頂戴』とは呼ばないよね。オレも『死傷者のデータ』みたいな感じでなるべく客観視して書いたつもりだ。お涙頂戴と呼んだり、泣いたりするのは読者の自由だ。

まだ、生きているから死者としてカウントできないだけの話で。」

翌月、ガンエヴァと同時に進めていた念願の小説作品『ヴァニシング・ポイント』が刊行されると、4月16日に率直な短文を綴った。それが本人による最後の投稿となる。

「死にたくないな。

書店で会いたい。

本屋でセットで買ってくれ。」

亡くなったのは翌日の4月17日。33歳だった。

書籍にまとめられた奥山さんの闘いだが、元となったブログやホームページは紆余曲折を経て多くは消失してしまっている。

ブログ「ガンエヴォ」はオリジナルが消失する前にガン漂流シリーズを出版した牧野出版のブログスペースに移されたが、２０１６年の暮れにそちらも消滅している。

ホームページ「ＴＥＫＮＩＸ」は２０１３年にレンタルサーバーの契約が切れると、間もなくして第三者の手に渡ってしまった。人気サイトのドメインは広告価値が高いため、手放されるとすぐにドロップキャッチされる傾向がある。しかし、数年経って再びドメインが売りに出されると、２０２１年４月に奥山さんの幼なじみである伊藤文彦さんが発見して取得した。

２０２４年現在の「http://teknix.jp/」にアクセスすると、かつてのＴＥＫＮＩＸの画像を添えた保護ページが表示される。

「本サイトは、かつてこのドメインで公開されていた故・奥山貴宏さん個人のサイト保護を目的としています。」

第六章で掘り下げるが、故人のサイトの引継ぎには様々なパターンがある。そのなかでもＴＥＫＮＩＸが辿った道のりは特殊だ。

# 「ザ・グッバイ」加賀八郎さんの闘病録
# 闘った本人と妻が別のブログを綴る

1980年代のバンド「ザ・グッバイ」などで活躍したベーシストの加賀八郎さんは、多発性骨髄腫のために55歳で亡くなった。重い病状を知り、ショックを受けつつ社会復帰を目指す姿は、2009年2月に始めたブログ「はっつぁんのゴタク」に刻まれている。

医師から病名を聞かされたのは2010年7月のこと。ギックリ腰や胃腸炎を連発したのをきっかけに受けた精密

**はっつぁんのゴタク**
http://ameblo.jp/hachiro860/
**夫が多発性骨髄腫になりました**
http://ameblo.jp/hy19941104/

■最終更新:2013年6月8日
■亡くなった時期:2013年7月2日
■死因:病気(骨髄腫関連)

検査から発覚したという。それをブログで発表したのは同年10月に入ってからで、更新は3ヶ月以上止まっていた。1ヶ月の更新頻度が10回を切ることはたびたびあったが、数ヶ月間空いたのはこのときだけだ。

以降はペットや音楽の日記に織り交ぜて、闘病の様子をオープンに語るようになり、無理のないペースで更新を続けた。大抵数行の短い日記だが、飾ったところがなく、病気への不安やときに病院への不満などをありのままに表しており、その頃の心境を正直に残している。例えば、2011年2月19日の日記。

「生きながら身体が徐々に朽ちていく感じ。

正直な話、けっこう恐ろしいぜ」

体調や気持ちが落ちているときは、さらりと重い不安を漏らすこともあった。また、そういう時期は更新がまばらになり、前向きになると1日で複数回アップすることもあるなど、その変動から心境が窺えた。2013年1月に念願の復活ライブを果たした前後は文面や写真からも心身が充実した様子が伝わってくる。1月28日の日記。

「昨日は復活ライブ、来てくれた皆様、

残念ながら来れなかった皆様、

ありがとうございます！

楽しかった。（略）

オイラシアワセもんだ～！

きっと死ぬまでこーだな！（　＞ε＞　）」

それでも過度に感情を溢れさせることはなく、最後まで一定の抑制を保っていた。だから、重い不安を綴った日記もさらりとしている。6月3日の日記。

「今日は透析中76まで血圧がおちた
何を言われてもボヤーとしか分からなくて笑えたが
今もしんどさはある。
骨がきしんで痛くなってる感じだな。
まいった！
又報告する」

そして、加賀さんの闘いはパートナーの立場からも追える特性がある。告知を受けた2010年7月、妻で漫画家の池沢理美さんが夫の闘病を記録するブログ「夫が多発性骨髄腫になりました」を開設しているのだ。当初は匿名だったが、加賀さんのブログの更新が再び途絶えた後、コメント欄から読者に知られるようになり、名前を公表した。病状や治療、そのときの加賀さんの様子などを詳細に描写するため長文な記事が多く、病状が重いときほど更新頻度が高い。加賀さんのブログと奇しくも対照的だ。

加賀さんの最終更新は2013年6月8日。病院のベッドでこれから食べる朝食を伝えるシンプルな内容だった。だが、池沢さんのブログを合わせて読むと、語られなかった深刻な状況が掴み取れる。

5月27日に胸の痛みで身動きがとれず救急車を呼び、そのまま入院。6月に入って抗がん剤の服用が始まるも、痛みが取れない苦しみが続いていた。翌日には肺炎と心不全が発覚している。最後の日記はそんな状態の中でアップされた。その後、6月中旬から下旬にかけて病状が日に日に悪化していくが、極限の状態でも家族とコミュニケーションはとり続けた。6月28日の池沢さんの日記。

「私が見てる目の前で、私宛のメールを送信してくれました。

『ありがとさん』

即座に『どういたしまして』って返信。

ううー。

今、改めて見て泣いてしまいました。」

最後まで家族を気にかけて、7月2日の朝に息を引き取った。近くで見守る人が残したからこそ伝わるものもある。

なお、夫婦の闘いは後に池沢さんがエッセイ漫画『はっちゃん、またね　多発性骨髄腫とともに生きた夫婦の1094日』（講談社）にまとめている。

# 5年超の闘病を死の4ヶ月前に露わにし自身の状況をつぶさに綴った〝某B大先生〟

ｓｏｍｅｃｒｏさんは、1日に何本も個性的な記事をアップするブロガーとして、2000年代半ばにはサブカルブログ界隈で名の知れた存在だった。ブログ名とシニカルで切れ味鋭い筆致から、ついたあだ名は〝某B大先生〟。たびたび自身でもネタとして使っていた。

その某B大先生が2009年4月にあるブログを立ち上げた。タイトルは「某Bキャンサー事情」。普段通りの乾

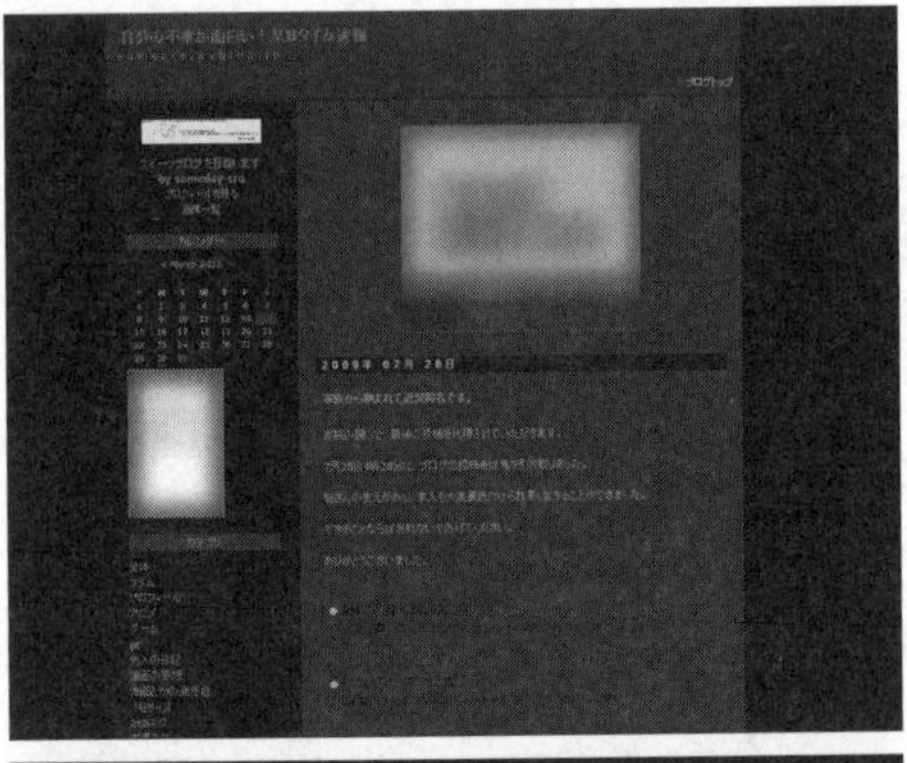

**自分の不幸が面白い!某Bタイム速報**
http://somecro.exblog.jp/

**某 Bキャンサー事情**
http://somecan.blog34.fc2.com/

■最終更新:2009年7月28日
■亡くなった推定時期:2009年7月28日
■死因:病気(直腸がん関連)

いたスレ気味な文体で、自身の病状を告白している。
20代だった5年前に直腸がんが見つかり、現在は肺や胆嚢、尿管などに転移していることを淡々と明かし、抗がん剤治療やがんが進行した際の辛さを、長文でときにイラストや写真を使って伝える。最初の投稿で突然の告白の動機をこう書いている。
「出来れば俺は俺の文だけで客を集めたかった。
であるからして、このことは断固として書きたく無かったのだが、
さすがにそうも言ってられない状況となった。
つまり、俺の命が冗談抜きであと半年くらいで尽きようとしているのだ。
であるからして、そろそろブログで癌を持っている事を明らかにすると共に、
これから先、いつまた入院すっか分からねぇ状況まで来ているし、
その度に適当な言い訳を考えるのも面倒くせぇし、
後学の為、それと、もしも若くしてガンになっちまったらどんだけ大変か、
そして、テメェらウンコニート共の腐った日常生活を見直して欲しいが為に、
出来れば書きたく無かったこの俺が、
ほっといたら死ぬ病気の実情を重い腰を上げてタイプすることとした。」
このブログを機に、本拠地の「某Bタイム速報」でも闘病生活についてオープンに語るようになる。某Bキャンサー事情は、その後5月初旬に尿管ステント交換術の激痛ぶりを伝える記事を最後に更新が止まったが、某Bタイム速報はその後も投稿が続

けられた。最盛期に月1000件超を数えた更新ペースは落とさざるを得なかったが、それでも意欲は最後まで消えなかった。

6月18日に一週間の予定で入院後、体調が一向に回復しない。病院のベッドの上でなんとか更新する状態。何度も腹水を抜き、25日からはモルヒネを点滴で常時流すようになる。短文の更新すら厳しくなってきた。この日の投稿で余命に言及している。

「タイトル：あと三ヶ月で死ぬ俺の気持ちも考えろよな

無駄に入院してるとか思ってるバカも居るみたいですが、

いまの入院中の俺は筆舌に尽くし難い程マジでひどかったり」

7月の記事数は僅か6。彼自身の更新は7月24日7時27分のものが最後となった。

前日夜に久方ぶりの長文でここ一ヶ月の闘病を振り返った9時間後の投稿だった。

「麻薬を入れ、もうろうとしていく意識

起きて居るんだか寝ているんだか分からず、

自分が今どこに居るのかも分からない

眠ったら一生意識が戻らないんじゃないかという恐怖

マジでここは何処？わたしは誰？状態が続き、

これを気持ちが良いと感じる人が麻薬中毒になるんだろうね

俺の場合気分が悪くなって怖かったんだけども」

4日後、知人が代筆として「投稿者は息を引き取りました」と訃報をアップした。

# がん患者として社会に働きかけ続けた シュウさんの残した10年間の闘病記録

某企業の本部戦略事業部で管理職として辣腕を振るっていたシュウさんは、会社の定期検診で異常が見つかり、2003年4月に肺がん（ステージⅢb）と診断される。入院中にネットで病状を調べ、5年生存率が13％だと知り、「目の前が真っ暗になった」。

それでも前向きな姿勢を取り戻し、翌年には職場復帰を果たしたが、体調の悪化から翌々年3月末をもって26年務めた会社を退職する。

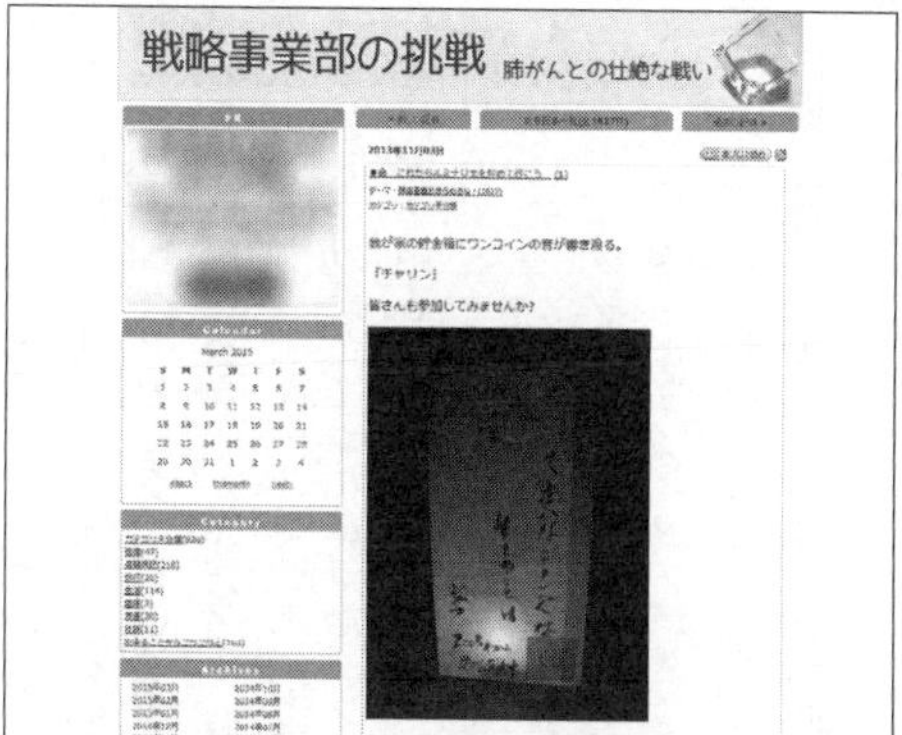


**戦略事業部の挑戦 肺がんとの壮絶な戦い**

http://plaza.rakuten.co.jp/senryaku/

■最終更新:2013年11月15日
■亡くなった推定時期:2013年11月5日
■死因:病気（肺がん関連）

しかし、シュウさんのバイタリティはここで止まらなかった。退職した翌日に闘病ブログ「戦略事業部の挑戦　肺がんとの壮絶な戦い」を開設。そこは間もなくしてがん患者として社会に向けて取り組むプロジェクトの拠点になる。

きっかけは6月に依頼されたNHKの取材だった。がん患者として意見を述べる際に、同じ境遇の他の人の声も盛り込もうとメッセージを募集したことが、がん患者や家族による「がん患者支援プロジェクト」の設立につながった。シュウさんは企業人だった頃のスキルを活かし、ブログ仲間を中心に常勤と非常勤のスタッフを数人規模で集め、患者の立場から医療改革を実現するためのアクションが可能な団体に短期間で育てていく。その後も、2006年には、がん患者を中心とした米国発の伝統的なチャリティイベント「リレー・フォー・ライフ（RFL）」の日本版の実現に中枢で携わり、全国規模の定期的なイベントに発展させるなど、ブログ名に恥じない実績を積み重ねていった。インターネットの潮流にも目聡く、ツイッターやYouTube、Ustreamなどのサービスも早期に試し、実用に値すると判断したら発表や交流の場として積極的に採用している。

体調に左右されず、常に社会に向けて目を見開くスタンスを最後まで貫いた。そして、自身の病状についても、ほとんど包み隠さずこれらのメディアで発信し続けた。

いつしか肺がんと診断されて5年が経過し、6年、7年と経っていったが、体調は決して万全ではなかった。2010年6月には主治医に抗がん剤が効かなければという条件付きで「このままでは三ヶ月……」と余命を告げられる。すでに左肺は機能しておらず、咳がひどくなっていた。幸い抗がん剤が効力を発揮したが、同年9月27日にはこう心情を漏らしている。

「抗がん剤が効かなければ前回宣告された
3ヶ月のカウントダウンが始まる。
いや、再び咳が出てきてから もう2ヶ月が経っているので
残りわずかなのかもしれない。
しゃべると咳が出てくる。
特に朝と夜が酷いのである。
X-DAYへのカウントダウンが始まったのか
もう 時間がない 足りな過ぎる」

その後、万全とはいかないまでも持ち直し、がん告知から10年以上が過ぎた2013年11月まで生き抜いた。

シュウさんがたびたび書いた座右の銘がある。

「感激できる 感性を 持つべし。
感激は 情熱の 源であり
情熱は 成功への出発点である。
自分を信じろ！」

# 病気の妻を抱えて咽頭がんが再々々発
# それでも最期までキャラクターを貫いた

2010年に単身赴任先の関西でプランニング会社を立ち上げた50代男性の相河ラズさんは、その矢先の同年6月に咽頭がんの再々々発が見つかり、余命半年と告知された。直後、関東で暮らす妻が突然倒れ、集中治療室で意識を回復した後、統合失調症との診断を受ける。

頼れる親戚はなく、妻と学習障害を持つ高校生の一人息子の生活を守るためには、会社をたたんで関東に戻るしか

**相河ラズ 毎日が想定外**

http://ameblo.jp/aikawa-razu9/

■最終更新:2013年2月17日

■亡くなった推定時期:2013年2月20日以降

■死因:病気(咽頭がん関連)

なかった。ビジネスの場から退き、自らの大病を抱えながら専業主夫として家族を支える生活。宣告された余命の目安からさらに半年が過ぎた頃、相河さんは自身の生活を綴る闘病ブログをスタートさせた。その文章は、反動のように明るい。2011年7月1日の日記。

「相川らず　といいます。
どうぞ　よろしくお願いします。(^-^)／
私は　約6年前に
咽頭がんを告知され
去年6月　余命半年を言われました。
再々々発です。」

これまでの治療の副作用で唾液が出ないなど、身体はすでにボロボロだという。それでもブログの調子はいたって明るい。

根底には、辛い現実が降り注いで積もってきたら、砂時計を逆さにするように、その分幸せがやってくる。そんな自己流のポジティブシンキングがある。

加えて、架空の相棒が文章にカッコ書きで突っ込みや合いの手を入れるという、これまた自己流の「ひとり対話療法」も全体の雰囲気に貢献している。

この独特の文体は次第に闘病ブログ界隈で注目を集めるようになる。評判はネットを越えて広がり、2012年6月には書き下ろしで闘病記『余命半年から生きてます！

面白いほど不運な男の笑う闘病記』（幻冬舎）を発行。以後、病活（病気生活）企画家としてサイン会や講演会などで全国各地を飛び回る精力的な活動を展開するようになる。

そんなユニークな道を歩んだ相河さんのブログは２０１３年2月17日で止まる。

「相河ラズでございます！
どうもです！
こうしん　したり　しなかったり　笑
私の本意ではありませんし
読みにきてくださるかたに
失礼かなと…。
末期で間接も骨も固まり
答えを出す頃かもしれません
（休んだほうがええかもやで〜）
相河ラズ」

最後の記事のコメント欄は2ヶ月足らずで１０００件を超す書き込みがついたが、遺族の意向により、同年4月以降は新規投稿を受け付けなくなっている。そして、２０１５年秋に非公開となったが、翌年春に再びオープンし、コメント可能な状態で２０２４年現在までインターネットにあり続けている。

# 「蛍光灯を見上げると、赤っぽい」糖尿病の恐ろしさを伝える古参サイト

「落下星の部屋」は、糖尿病により2002年に亡くなった50代の男性・落下星さんのホームページだ。メインのコンテンツは自身の糖尿病体験記。糖尿病を診断された後、右目の失明→神経障害→腎臓障害→右足切断→人工透析→左足切断→左目眼底出血と、悪化の一途を辿っていくが、その都度、心身の変化や施された治療の様子を事細かに書き残している。

特徴的なのはその語り口

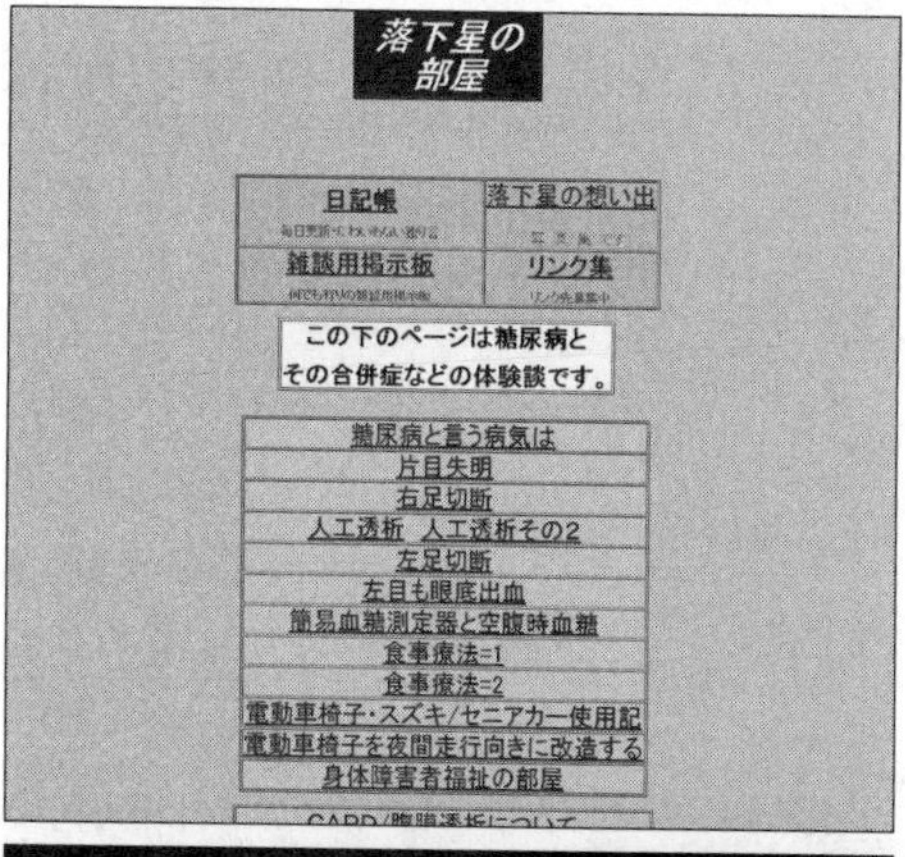


**落下星の部屋**

http://rakkasei.syogyoumujou.com/

■最終更新:2002年11月3日
■亡くなった推定時期:2002年11月~12月頃?
■死因:病気(糖尿病関連)

だ。悲愴感や悲壮感は一切なく、趣味のノウハウを伝えるような軽い調子に終始している。しかも、自己管理の甘い生活態度や泥縄的な考え方もすべてさらけ出している。人に咎められることを恐れない明け透けな姿勢が生み出す圧倒的なリアリティは、読む者をものすごい勢いで追体験に誘う。

例えば、右目を失明したときの日記。

「蒸し暑い一日が終わり、帰宅してすぐに入浴し、食事を取りました。テレビではナイター中継をやっていました。

そのうち、いつのまにかビールが出て来て知らない間に空き缶が増えていきました。（注：一人者です）

3缶目から4缶目に移ったときです。プルトップを開けてテレビに目をもどしたら、

『なにかおかしい。』

『そうだ。ボールが見難い。』

変だぞと思って室内を見回しても、いつもと変わりないオレの部屋。でも、なにかおかしい。物が見難い。ふと蛍光灯を見上げると、なんとなく赤っぽい。

訳がわからず、とりあえず手のひらで片目づつおおってみると、あらら、左目は正常なのに右目だけにするとまっかに染まった室内。」

「右足切断」のページも同じ調子だ。右足の親指の付け根が痛み出した4～5日後に

親指が真っ黒に変色し、壊疽を起こしていると判明。そのまま入院して、切断するに至ったことを同じ調子で振り返っている。

「医師『さて、どこから切ろうか』

私『おまかせします』

医師『足首から切ってもいいんだが、再発しやすいから安全策を取るなら膝下からだな』

私『切るのは痛いんでしょう?』

医師『まあ…。痲酔はかけるし、飲み薬もだしてあげるよ』

私『2度も痛い思いをするのはごめんですから膝でお願いします』

医師『でも、かかとで切れば後が楽だけど膝下で切ると義足が大変だよ』

私『とにかく痛いのはイヤなんです。バッサリやってください。』」

以降のレポートも調子は変わらない。糖尿病食を心がけながらも、タバコとお酒を止められない自堕落さを話のオチに使いながら、自らを突き放したコミカルなトーンで病の進行を書き記している。

ただ、外部からの反応を拒絶して、内にこもっていたわけではない。折に触れて読者に向けた真面目なメッセージを織り交ぜていることから、ある種の覚悟を持って書いていたのは確かだ。

「人工透析」のページには、こんな所見を添えている。

「糖尿病はそれ自体ではたいして恐しくはない病気ですが、合併症をまねくと本当に恐ろしい病気に変身してしまいます。しかも、同じような病状の人でも、合併症になるかならないかは予想できません。

私を『おろかなやつ』と笑って結構です。でも、あなた自身は絶対に同じ道をたどらないと約束してください。」

読み手から起こるであろう非難の声をものともしない強さは、死後も新たな読者を引き寄せていく。実際、「雑談用掲示板」には、2012年以降も警鐘として読み終えたと感謝する声や、すでに亡くなった筆者の自堕落を怒る声などが1カ月に0～2回程度のペースで書き込まれていた。

その掲示板も2013年の秋頃にレンタルサービスが消滅し、現在はメインコンテンツしか残っていない。もうどれだけの読者が訪れているかも、どんな感想を抱いているかも分からない。しかし、インターネット上で「管理人が死んだ後に残ったサイト」の話題が上るとき、いまだにこのサイトのURLが貼り付けられるのを目にする。

# 余命1年以下を一人で告げられた27歳男性 いく当てのない絶望を吐くためのブログ

IT業界で働くkerokawaさんは、2004年8月下旬に27歳の若さで余命1年以下と宣告された。一人でいるときに告げられたため、彼女や実家で暮らす家族に伝えるのはkerokawaさんの仕事となった。簡単な仕事ではない。

近しい人たちに打ち明ける決意が固まるまで、飲み込むには重すぎる絶望をやりすごすためか、どうにかして平静を保つためか、彼は自分で

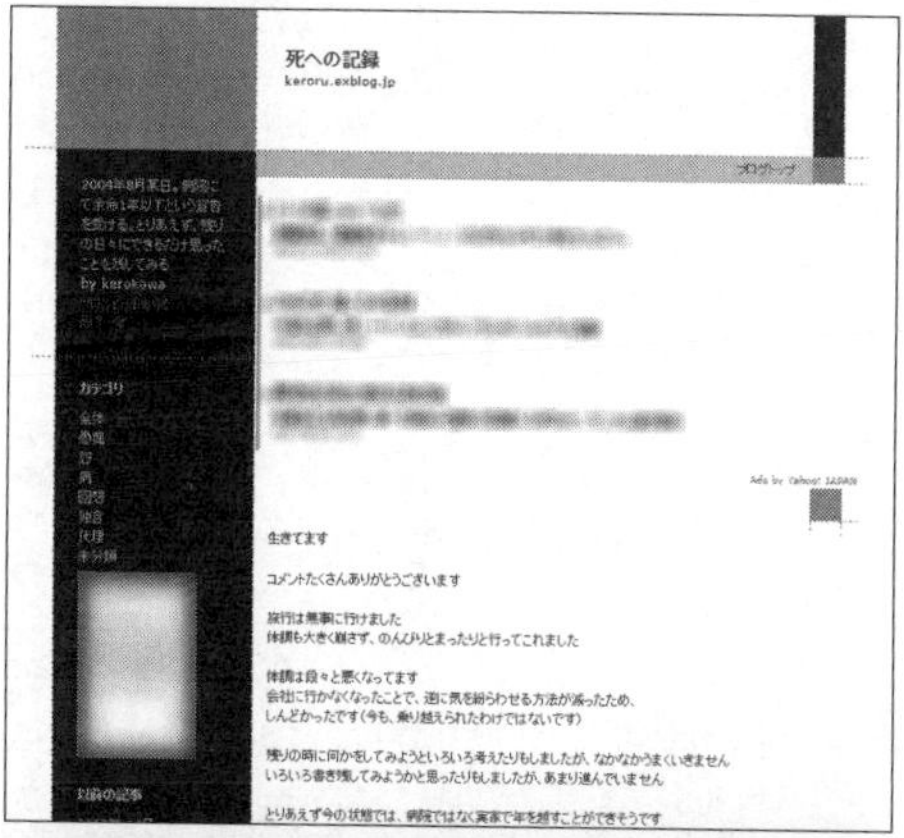


**死への記録**

http://keroru.exblog.jp/

■最終更新:2007年6月14日
■亡くなった推定時期:2005年6月24日
■死因:病気(詳細不明)

もよくわからないままに「死への記録」というブログを始めた。宣告から10日後のことだ。

2日に1回程度のペースで、深夜に正直な気持ちを吐露していく。病名も具体的な個人情報も明かしていないが、その心情に嘘や虚飾がないことは4、5日分の記事を読めば伝わってくる。9月3日の日記。

「彼女とは別れないといけないとは思っている
まだ伝えてはいないが、最近は欝なところをかなり見せているため、何か気づいているかも知れない
というよりも、嫌われていってるかも知れない
それなら、それで好都合かもしれない
僕が死ぬときには彼女はそのことを知らないかも知れない
知ることもないかも知れない
そうしてあげるのが一番良いと思う
と、思いつつも無性に悲しい。空しい
自分は一人で死んでいくんだな…と思う」

9月30日の日記。

「台風が来てますね
台風の中を歩くのも、これが最後かも・・などと思いつつ

いろんなことを考えます

悲惨な映画を見た後に、生きていることを実感とか、生きている喜びをかみしめるとか…

まぁ、そんな経験が自分にあったかとうか、もうよくわからないんですが、

今は、今時点で自分がまだ生きているということを妙に感じます

こういうことを含めて何もかも考えることがなくなる。できなくなる時が近づいてます。

それを考えると、凄く怖い、滅茶苦茶怖い。

一人の夜は、毎日この怖さが目の前にあります」

10月14日の日記。

「本当は死なないんだよ…って夢を見て、夢の中で滅茶苦茶喜ぶ

起きて絶望」

一人で苦しむ日々は10月後半に終わりを迎える。病状が悪化し、家族や彼女に伝えざるを得なくなったためだ。

勤務先にも告げて、職場を去り、実家を拠点に闘病することになった。それと同時に、ブログは役目を終える。実家に戻ってから、ｋｅｒｏｋａｗａさんが更新したのは12月6日の一度きりだ。近況報告を兼ねた生存報告だった。

「体調は段々と悪くなってます

会社に行かなくなったことで、逆に気を紛らわせる方法が減ったため、しんどかったです（今も、乗り越えられたわけではないです）

残りの時に何かをしてみようといろいろ考えたりもしましたが、なかなかうまくいきません

いろいろ書き残してみようかと思ったりもしましたが、あまり進んでいませんとりあえず今の状態では、病院ではなく実家で年を越すことができそうです」

年が明けてからは、友人が代理で筆を執り、数ヶ月に一度の近況報告を残している。1月中旬に半月程度の予定で入院したものの、体調が戻らず、そのまま長期入院となり、6月24日に息を引き取ったとのこと。ベッドの上でもPHSでネットを見ていたが、自ら書き込むのは難しい状態だったようだ。

友人が訃報をアップした約2年後、友人の元にはこのブログを含むkerokawaさんの最後の文章をまとめた私家本が届いたという。

以降、ブログは時を止めたままだ。一時はスパム書き込みが溢れたが、現在はコメントがすべて非表示になっており、変化はない。

# 骨肉腫と闘いながら毎日更新を続けた男性 生前からのスパム書き込みは無視を貫いた

故人のブログのなかには、本人の死後にスパム業者にコメント欄が荒らされ、内容に似つかわしくない卑猥な書き込みに溢れているものがある。そのなかでも「骨肉腫がなんぼのもんじゃ～！」は特殊な事例だ。

書き手は、大阪府で妻と小学生になったばかりの息子の3人で暮らす40歳の男性・けんじさん。腕時計が好きで遅刻が嫌い。目標を決めたらコツコツと続ける几帳面な性格

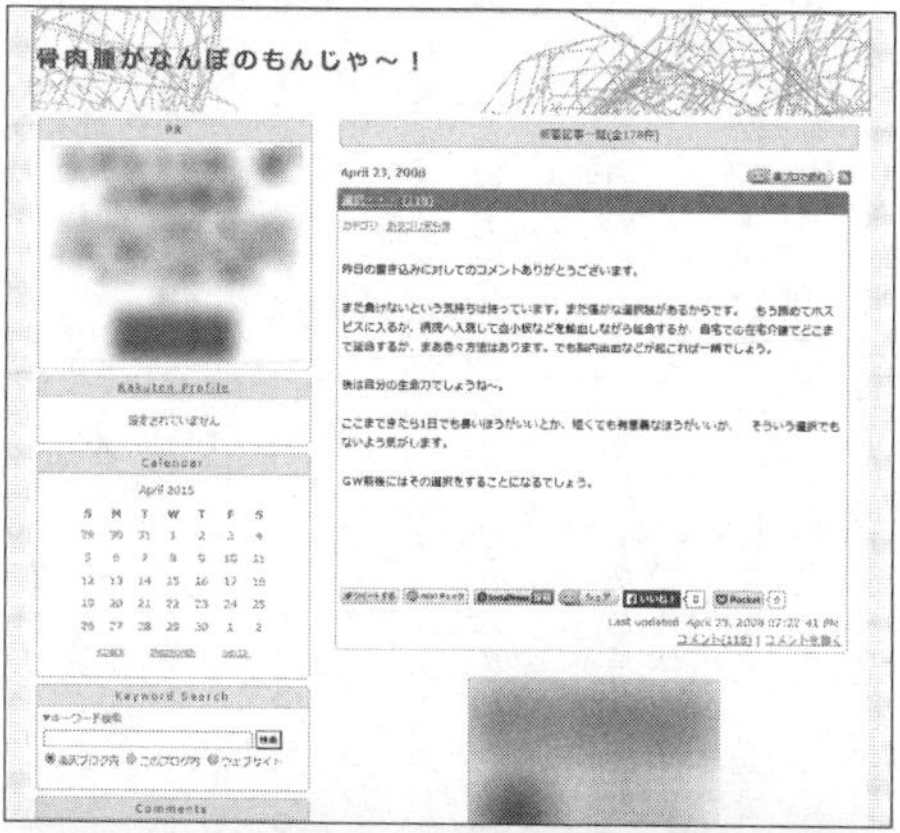


**骨肉腫がなんぼのもんじゃ～!**

http://plaza.rakuten.co.jp/kenji333/

■最終更新:2008年4月24日
■亡くなった推定時期:2008年4月25日
■死因:病気(骨肉腫関連)

で、残されている同僚の応援コメントからは、職場でも慕われていた様子が窺える。

闘病生活の始まりは2004年7月だった。歩行が困難になるほどの痛みを左太ももに覚え、整形外科で検査を受けた結果、がんの一種である骨肉腫と診断される。すでに肺への転移があり、死を意識せざるをえない状況だったが、一時は職場復帰できるほどの回復を見せ、闘病生活は3年を越えた。しかし、完治には至らず、進行する病状を鑑みて2007年8月にやむを得ず退職。その2ヶ月後にブログを開設した。

「病名は『骨肉腫』ですが、日々色々とこの病気について書いていきたいと思います。

病気のことばかり書いても面白くないので（本人が）、ただの日記と思って頂いて結構です…」

その宣言通り、日記の内容は治療の詳細よりも、家族との出来事や食事が中心だった。体調が悪いときは数行で済ますこともあったが、更新は開設日の10月29日から一日も休まなかった。当初、コメントがつくのは数日に一回程度だったが、知人や読者による励ましの書き込みが多く、どれも人の手によるものだった。

スパムらしきコメントがついたのは12月19日が最初だ。放射線治療が終わり、オフの日をのんびり過ごしたという日記の内容と無関係に、「私は最近DSにハマってるよぉ♪　ハマってると言えば、コレも」と、貼り付けたURLへ誘導するものだった。

これを皮切りに、年が明けた1月8日には卑猥な文言を並べたタイプが出現し、以後は多いときで4日連続の投稿がみられるなど、標的ブログとして定着されてしまったようだ。その間も、明らかに心ある人が書き込んだと思われる応援メッセージがたまに付けられており、コメント欄は玉石混淆の体を成していた。

それでもけんじさんは、スパム書き込みを削除したり、コメント欄に画像認証などの防波堤を導入したりといった対抗策はとらなかった。日記の本文でもこの現象に一切触れていないので、どういう意図があったかは分からない。ただ、自動車の運転など身の回りのことができる頃から一貫しているので、体調悪化が理由ではないはずだ。

スパム書き込みは、2008年4月23日にアップされた最終投稿に集中した。

「まだ負けないという気持ちは持っています。まだ僅かな選択肢があるからです。もう諦めてホスピスに入るか、病院へ入院して血小板などを輸血しながら延命するか、自宅での在宅介護でどこまで延命するか、まあ色々方法はあります。でも脳内出血などが起これば一瞬でしょう。」

スパム書き込みは2年で100件を超えた。そのなかで人肌の言葉が2011年に書き込まれている。「このような日記に不適切な書き込みをした者たちが、自らを振り返り慙愧に堪えないと振り返っていると信じています。」と。

その言葉が業者に届いたかは分からないが、膨大なスパム書き込みは2017年頃に一掃されている。ブログサービス側が横断的に自動書き込みを削除することもあるため、誰のどんな意図が働いたかは判然としないが、2024年時点では心のこもった人力のコメントのみが残されている。

# 余命1年宣告で趣味のサイトが様相一変
# それから4年半の紆余曲折を残す

ルアーメーカーに勤務していたひさゆきさんは、数年前から患っていた脳腫瘍（脳下垂体腺腫）の悪化と業界全体を覆う不景気が重なり2000年に退職を決意。同時に趣味のホームページ「バスドリル」を開設した。

メインコンテンツはバス釣りに関する解説ページと自作のイラストコーナーだったが、2002年6月からは新設の「闘病絵日記」コーナーが主役を張るようになる。

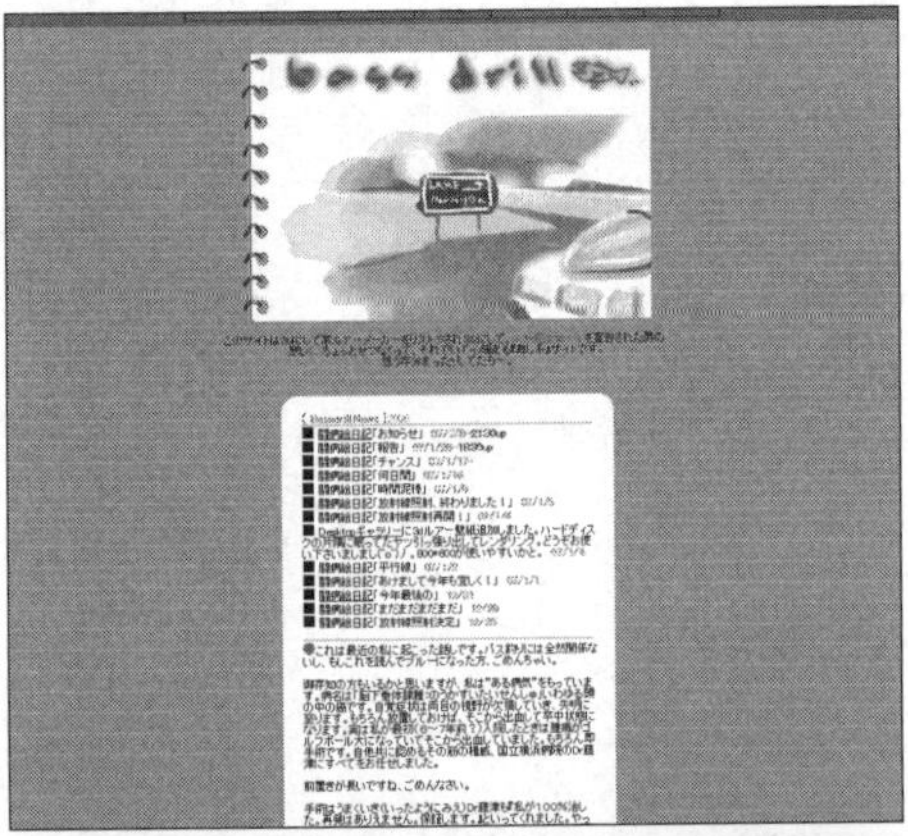

**bassdrill-末期癌闘病日記**

http://homepage2.nifty.com/jyun8/ ※閉鎖

■最終更新:2007年2月8日

■亡くなった推定時期:2007年1月21日

■死因:病気（脳腫瘍関連）

きっかけは脳腫瘍から転移した神経がんが見つかったことだった。主治医が告げた余命は1年。ここでひさゆきさんは西洋医学に見切りをつけ、玉川温泉近くに家を借りて湯治による回復を目指すようになる。背中を押したのは、当時の主治医に対する不信感と付き合っている女性への思いだった。

その後の懸命な湯治は日記から伝わってくるが、過去6度手術した腫瘍は簡単には減衰しなかった。腫瘍によって狭まった視界も改善されないまま、湯治場が雪で閉じる時期を迎えることになる。

同年には元の文字サイズでは目で追えなくなり、しばらくは日記を特大フォントで書くようにもなった。そして都合7度目の手術を受けた後、再び西洋医学を受け入れ、湯治と放射線治療を併用するようになる。治療法はあくまで手段であり、目標を優先して生きるという姿勢に変わっていった。

放射線治療は奏功し、余命宣告から1年後、大好きな釣りに出かけたり、仕事に精を出したりするひさゆきさんがいた。ルアーメーカーの後に入ったデザイン会社は病気への理解が深く、入退院や湯治の際は快く送り出し、体調が良いときには仕事を任せるといった環境を提供してくれた。日記開設後に訪れた病院の主治医も、ひさゆきさん独自の闘病法を尊重したうえで治療法を提示してくれた。それでも体調は万全とはいかなかったが、2003年12月には彼女と入籍を果たし、3年半後の2006年6月には結婚式を挙げることもできた。式後の6月15日の日記にこうある。

「そして、昨日、6月14日をもって、国立横浜病院での末期1年宣告から丸4年が経ちました。5年目突入です。」

5年目を満了することはできなかった。リンパ節に転移した腫瘍は全身をしびれさせ、病院から緩和ケアを勧められる状況となっていた。社長への報告内容を伝える9月15日の日記。

「ドクターは既に緩和ケア後期の領域で病を捉えているが、実際それに相当する強い痛み・麻痺が身体の各所に出ていること。自分も妻もそのことに関してある程度の覚悟をもって受け止めていること(何が起こってもおかしくない状態)を伝えた。」

それでも可能性を諦めずに生きたことは、不定期ながら月に数本〜十数本ペースでアップし続けた前向きな日記が証明している。年を越し、2007年1月9日までひさゆきさん本人が更新を続けた。妻となった女性が訃報を日記にアップしたのは1月26日のことだった。

「徐々に意識がなくなり、ひさゆきは21日に卒業しました。痛みは抑えられ全くなく、強く苦しむこともなく、とてもやすらかなお顔でした。」

サイトは妻が管理するようになったが、利用している無料ホームページサービスを運営するニフティの当時の方針により、メールアドレスと掲示板の内容は引き継げなかった。そして、サイト自体もホームページサービスの撤退により、2016年11月に他の15万件近くのサイトとともに消滅している。

# 芸能リポーター梨元勝さんの肺がん闘病記
# 現地リポで語ったことと語らなかったこと

芸能リポーターの梨元勝さんが自らの病を世に告白したのは、２０１０年６月７日の早朝。ツイッターの投稿だった。

「おはようございます。実は検査入院してたんですが、肺がんにかかっていて、抗がん剤の治療をします。ニュースの配信は続けます。宜しくお願いします。頑張ります！」

この〝芸能ニュース〟は瞬く間に拡散し、世間の耳目を集めた。直後から梨元さんは

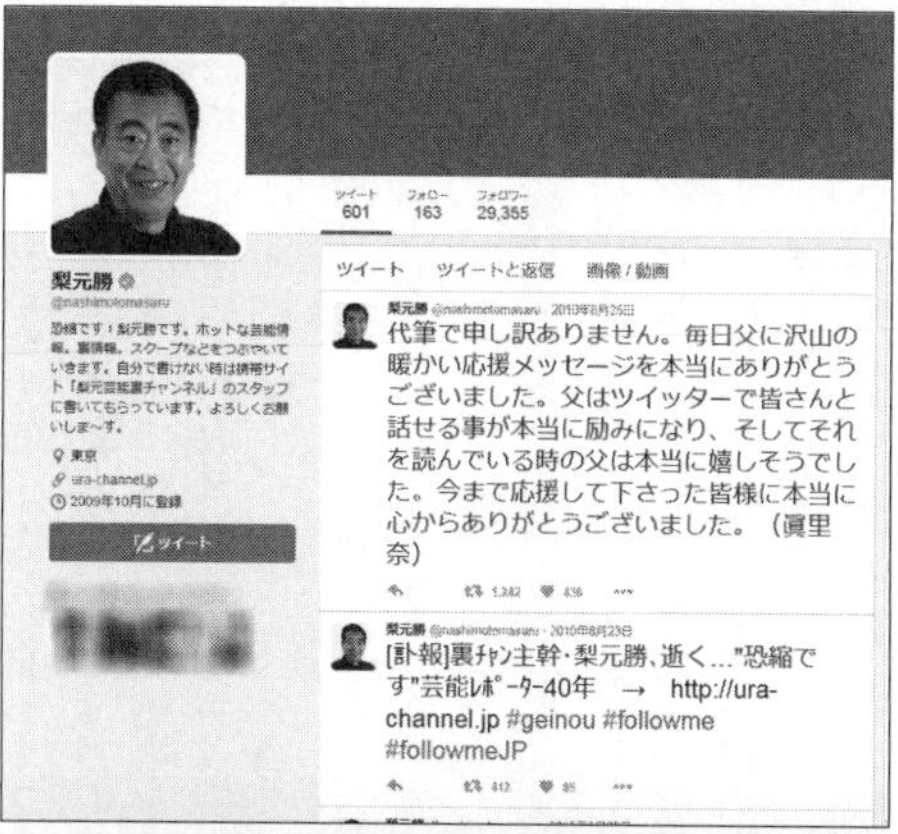
ツイート 601
フォロー 163
フォロワー 29,355
梨元勝
@nashimotomasaru
ツイート　ツイートと返信　画像/動画
代筆で申し訳ありません。毎日父に沢山の暖かい応援メッセージを本当にありがとうございました。父はツイッターで皆さんと話せる事が本当に励みになり、そしてそれを読んでいる時の父は本当に嬉しそうでした。今まで応援して下さった皆様に本当に心からありがとうございました。（眞里奈）
[訃報]裏ﾁｬﾝ主幹・梨元勝、逝く…"恐縮です"芸能ﾚﾎﾟｰﾀｰ40年 → http://ura-channel.jp #geinou #followme #followmeJP

**梨元勝@nashimotomasaru（Twitter）**

https://x.com/nashimotomasaru

■最終更新:2010年8月25日
■亡くなった時期:2010年8月21日
■死因:病気（肺がん関連）

テレビや雑誌、新聞などから寄せられる取材に精力的に応じ、自らもブログやケータイサイト、動画配信サイトなどを使って病状を積極的に発信するようになった。当時受けた写真週刊誌「FRIDAY」のインタビューではその意気込みを語っている。

「長年、病気と真正面から向き合ってきた芸能人を取材してきたから、病とどう闘うべきかを、自然と学んでいたのかも知れないですね。

だからこそ、僕も休んでいられない。周りの人から『静養してよ』と言われますが、芸能リポーターとしての生き様を通して、病気に悩んでいる人たちを励ましたいんです」

その姿勢は同年8月に亡くなるまで一貫していた。抗がん剤治療によって髪が抜け落ちても、短期間でやせ細っていっても、自身の姿を隠さずに動画配信し続け、ツイッターでは芸能ニュースのツイートを継続しながら、その日の体調や治療の進捗状況などを毎日のように伝えた。最後のツイッターの投稿は亡くなる4日前の深夜だった。

「こんばんは、なかなか寝付けません。しばらくテレビ見ます。一人でトイレ行けないのが辛いです。いつも応援メール本当にありがとう!励まされます。頑張りまーす!」

その後、8月25日に娘の眞里奈さんが投稿した訃報によって、梨元さんの死が世間に知れ渡ることになる。65歳没。

明け透けに自身の現状を伝え抜いた梨元さんだが、一方で、文章でも動画でも触れられていない部分は少なくなかった。とくに肺がんの病状については詳しく語られていない。肺がんは発覚時点で転移が進んだステージIVの状態だったが、残されたコンテンツや文献を見る限り、その細部に自ら切り込むことはなかったようだ。日々つぶやかれるツイッターの投稿でも、「関節も痛い」「咳と呼吸困難になってしまって」といった症状には言及しているが、その症状の要因や具体的な身体の状態に触れることはなく、治療法や薬品名もほとんど出てこない。

単に、医学的な知識をあまり持たなかったということかもしれない。しかし、取材対象を掘り下げるために情報をかき集める仕事を生業にしてきた人物が、そのままでいるのはいささか不自然だ。

これは想像だが、梨元さんは闘病中でも「生」に寄り添い、「死」に目を向けないようにしていたのかもしれない。もしくは、死に目を向けている自分を世間に見せないようにしていたのではないか。「肺がんを患った」ということ以上に死に近い情報を発信するには、時間も体力も足りなかったのではないか。

8月12日の投稿はそんなギリギリの心境を吐露しているように読める。

「こんにちは、検査結果、今後の治療、メンタルだったんでしょう?朝から咳と呼吸困難になってしまって、いやー大変でした。初めての状況、、頑張ります。いつも応援メール本当にありがとう!」

最後まで芸能リポーター梨元勝であろうとしたことは確かだ。

# 死を覚悟して始めた「日本一長い遺書」息子への愛ともうひとつの感情に溢れる

のんさんがブログを開設したのは、2009年6月。夕食後に大量の血を吐いて緊急入院した後、医師から2ヶ月もたないかもと伝えられたのがきっかけだった。その思いはタイトル「日本一長い遺書」に凝縮されている。ブログのリード文にはこうある。

「元女性自衛官、スキルス性胃癌発症から2年。9歳の息子へ、遺書を遺したい。ただこのまま死ぬんじゃなく、私の生き方と、死に方を遺した

**日本一長い遺書**
http://fc2nonnon.blog72.fc2.com/

■最終更新:2010年2月2日
■亡くなった推定時期:2009年12月5日
■死因:病気(胃がん関連)

い。願わくば、タイトル通りになりますように。」

ブログによると、のんさんは22歳の時に同僚と結婚し、24歳で男子を産んだ。その翌年に夫のDVなどが原因で離婚したが、やむを得ない事情から、以後も元夫と一人息子との暮らしをしばらく継続している。末期のスキルス胃がんが見つかったのはそんな歪な生活を送る6年目のことだった。

すぐに手術したが、完治は望めない状態で、吐血前にもモルヒネを含む強力な痛み止めを日常的に服用するような体調だった。いざ入院となったときに手を借りたのは実母だったが、親子としての関係は冷め切っており、最低限のことしか頼めなかった。

7月14日の日記が窮状を訴えかけてくる。

「自分がガンになったことを告げても、保険金のことしか話さない母のいる気持ちを、知っていますか。

自分がガンになったことを知って、私名義のマンションから立ち退き要求の調停を起こす元夫がいる気持ちを、知っていますか。

術後2週間で退院し、食事づくりから掃除洗濯まで、身の回りのことを全て自分でしなければならない気持ちを、知っていますか。

術後1ヶ月で、仕事に復帰して自分の生計をたてなければならない気持ちを、知っていますか。」

アップされた日記は現状を客観的に伝えるものや、息子に向けて書いたもの、独白に近いものが混在している。息子に向けたものは行間から愛情が色濃く出ているが、独白のなかの元夫や実母について語るものは深い憎しみが満ち満ちている。

つまるところこのブログの核は、のんさんの魂の叫びだと思われる。吐血して医師に手の施しようがないと言われ、死が間近に迫ったとき、若くして末期がんに冒された悲運も含め、やり場のない気持ちを吐き出す場を求めた。そのうえで、唯一愛情が交わせる息子に読んでもらうことを望み、何とか生きながらえて結果的に「日本一長い遺書」になることを期待した。自分のため。だからこそ、文章に埋め込まれた愛憎には一切の遠慮がない。

ある日記についた、遺書としての体裁を心配したコメントへの返信に本音が覗く。

「現実的な話をしてしまいますが、すでに遺書は弁護士さんと相談のうえ別に作成しており、息子あての手紙も日々書き綴っております。このブログは私の、いわば『生きる目標、生きがい』として続ける日記となっております。恨みつらみを吐く場所すら無くなってしまいますと、正直私はとても辛いのです。」

そのうえで、共感を求めた。先の日記はこう締められている。

「生涯　誰にも　何にも
頼ることができない孤独を　知っていますか
みじめに　誰にも看取られずに死ぬ気持ちを
知っていますか」

# 生まれ持った難病を抱えながらギャルであり続けようとした22歳の女性

「ギャルだけど臓器移植」は２００９年１月29日の開設から、２０１２年８月16日の最終更新まで続いた闘病ブログだ。その間は3年半だが、書き手のｈａｎｎａさんの闘病期間は22年半となる。生まれてから亡くなるまで。このブログにはその生涯が詰め込まれている。

　誕生からの歩みはプロフィール欄に詳しい。生まれてすぐに腹部に異常が見つかり、腸が正常に機能しない慢

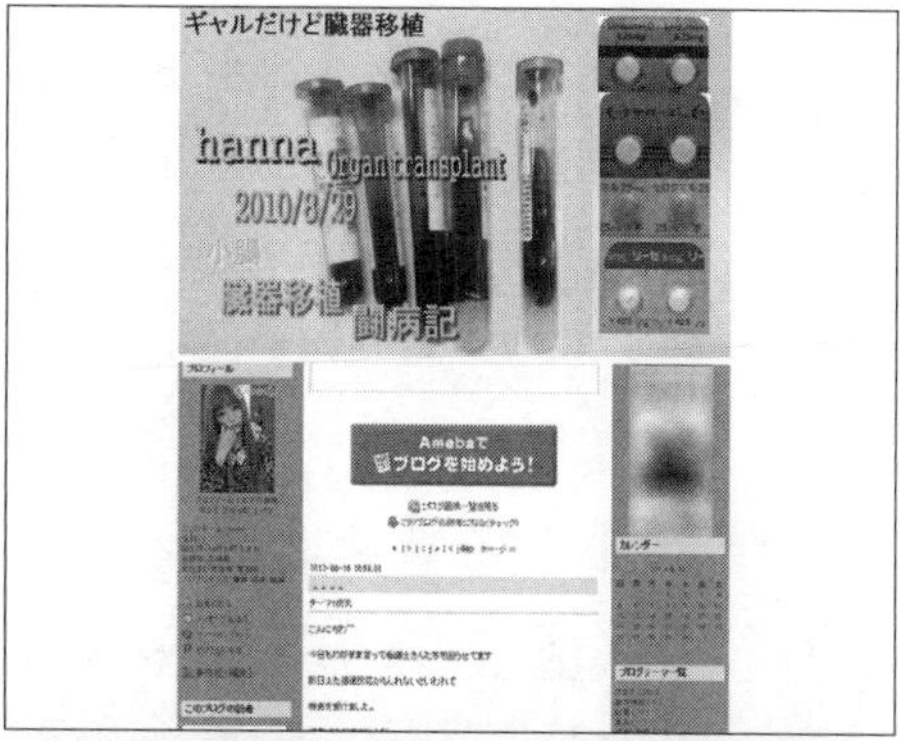


**ギャルだけど臓器移植**
http://ameblo.jp/hathaway-h2/
**♪オシャレ人生謳歌中♪**
http://ameblo.jp/aikoofficialblog/

■最終更新:2012年8月16日
■亡くなった推定時期:2012年8月22日
■死因:病気(腸疾患関連)

性特発性偽性腸閉塞症（ＣＩＩＰＳ）と診断される。その後、3歳まで入院生活を続け、4歳で髄膜炎の影響により右耳を失聴。小学校に入学した後は胆石や腸捻転などで何度も手術を受け、高校時代は比較的体調の良い期間が続いたが、3年生になると病状が悪化し、敗血症でたびたび生死を彷徨い、先の見えない闘病生活で心を病んで自殺未遂を起こしたこともあった。そして卒業後、小腸の臓器移植を決意しブログを始めるに至る。

苦難の連続だが、ｈａｎｎａさんの文章は全編を通して読むと、とても理性的で前向きだ。時に感情的になることはあるが、度重なる手術や新たに見つかる不調にも折れない芯の強さがあり、安心して読み進められる。そのタフさは２０１０年8月末に2・4メートルの小腸を移植した後も、宮城県の病院で東日本大震災に見舞われた後も変わらなかった。が、新たに身体に入れた臓器の拒絶反応は、そんな精神を徐々に蝕んでいく。

２０１２年8月16日にアップした最後の投稿は、これまでの人生を支えてきた自制心を脱ぎ捨てたような辛さを伝えてくる。

「あんなに辛い治療はもうこりごりです。
延命治療は望みません。
早く天国へ行きたい。
地獄でもいいから行きたい。

生きてることに疲れた。
22年間でいいことっていくつくらいあった？
きっと指で数えれるくらいしかないでしょうね。
悪いことなら数えられないほどあるのに…
みんなはどうですか？
本当に死んだらどこにいくんだろう。
試してみたいね。
ククク
死」

ｈａｎｎａさんが数日後に亡くなったことはコメント欄で知れる。

なお、彼女の人生に欠かせないブログはもう一つある。ａｉｋｏ名義で２０１１年3月に開設した「♪オシャレ人生謳歌中♪」だ。「ギャルだけど臓器移植」からはリンクで飛べるが、逆方向のリンクは貼られていない。このブログのａｉｋｏは闘病するｈａｎｎａとは切り離した存在にしたかったようだ。痩せている理由も更新を休む理由も伏せ続けた。

ａｉｋｏとしての彼女は、更新が途絶えて久しいいまも、少しやせ気味でファッション好きな、カワイイ女性であり続けている。

# 職場の彼氏だけに向けた交換日記ブログ 闘病の末、スパムまみれでネットに漂う

　会社で事務として働く30代女性・ふぅさんは、腸にできたがんと歪んだ夫婦生活を抱えながら、職場の同僚・ひでさんと密かに交際していた。そして、2006年1月に「私とひでの妄想生活を暴露」する場としてブログ「アパートの鍵貸して」を開始する。

　最初はふぅさんの一方的な愛の独白ばかりだったが、まもなくひでさんも筆を執るようになり、ふぅさんに比重が偏った交換日記のようなスタ

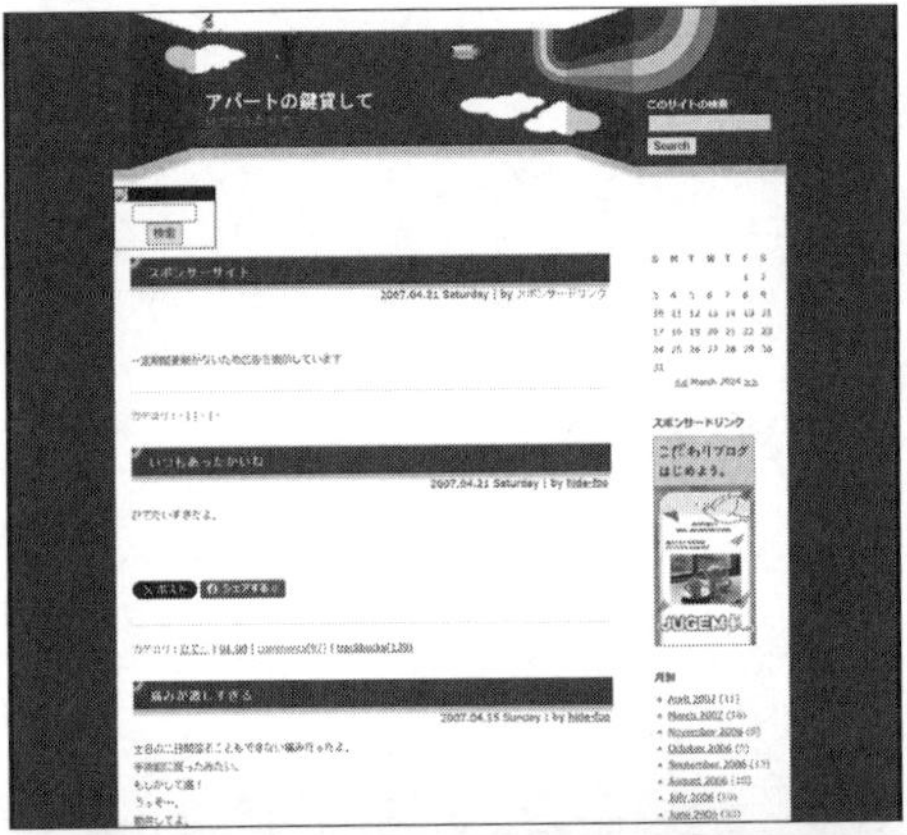


## アパートの鍵貸して

http://hide-foo.jugem.jp/

■最終更新:2007年4月21日
■亡くなった推定時期:2007年4月21日~?
■死因:病気(腸がん関連?)

イルで1年以上続けられた。

ふぅさんは恋する乙女の視点でひでさんのことや職場の出来事を綴りながら、抗がん剤治療と疼痛の苦しさ、人工肛門や悪化する体調、返済の目処が立たない借金のことなども隠さない。4月26日の日記。

「今日はまいったまいった（v_v）　私のストマーの梅さん（※筆者注…人工肛門のこと）が暴走してくれました。（略）

落ち着いて着替えて梅さんに袋を付けようと思ったらドワー。

もう〜って思ったら涙が出てきてそのあと自分でふぅかわいそうだね。って声出して泣いちゃったよ。」

6月16日の日記。

「頭を洗ったらごっそり毛が抜けた。ひでに早く頭洗ってもらわないと毛なくなっちゃうよ。お願いしないと後悔しちゃう。」

痛みは耐えきれるものでなくなり、8月16日には大規模な摘出手術を決意する。

「ひでにもう一度抱かれたかったけど頑張れないや。

痛みに負けちゃったよ。

ひでのこと大好きなのに。（略）

SEXできない女。」

退院したのは10月25日だった。このとき肺にもがんが見つかっていたが、抗がん剤治療を続けて、翌年の3月5日には会社に復帰を果たしている。それまで3ヶ月以上も更新が止まっていたが、それは病院での治療に専念している間、ひでさんとの交流が薄くなっていたためらしい。復帰後はこれまでと同じように愛と病気を綴る日記が数日に1回のペースでアップされるようになる。

ただ、平穏は長く続かなかった。4月上旬には手術痕の近くに異常が現れ、「手術前に戻ったみたい」な痛みに悩まされるようになる。そして、4月21日深夜1時の投稿が最後のものとなった。

「タイトル：いつもあったかいね

ひでだいすきだよ。」

直後にひでさんから「子供体温だからね（笑）」とコメントが付いたが、それから一切の動きが止まった。1年以上経った頃、卑猥なスパム書き込みや無関係なトラックバックが大量に付けられるようなったが、2011年頃にそれも止んだ。2018年までにすべてのスパム書き込みは「管理者の認証待ちコメント」として非公開化されたが、これは運営元のメンテナンスによるものだ。

おそらく、遺族はこのブログの存在をいまも知らないだろう。唯一、管理できる立場のひでさんも、更新中から他の読者の存在はほぼ意識していなかったようにみえる。するとこのブログは、相手がいなくなった交換日記に過ぎない。この終わり方もやむなしかもしれない。

# 闘病中も続く日常の苦労と夫への愛憎
# 喜怒哀楽をありのままに残したブログ

1999年の夏、ピグレットさんは息子を抱えて転倒した後に右胸にしこりがあると気づいた。それから様子見しているうちに半年が過ぎ、右胸は一見して左と状態が違うと分かるまでに変形。改めて危機感を抱いて病院に駆け込むと、予想どおりに乳がんと診断された。直ちに手術され、右乳房を切り取った。36歳のときだ。

ブログ「ひとりじゃないよ！」を立ち上げたのは、そ

ひとりじゃないよ！
Welcome to my homepage!
ひとりじゃないよ！
毎日の出来事かいてます

**ひとりじゃないよ!**

http://plaza.rakuten.co.jp/pigurextuto/

■最終更新:2007年1月9日

■亡くなった推定時期:2007年4月13日

■死因:病気(乳がん関連)

れから3年後の2003年5月中旬のこと。右胸の再建手術を受けて間もない時期のことで、この頃にはほぼ健康といっていいほど体調は回復していた。

ところが、同年10月に多発性骨転移が発覚する。このときも少し前から最悪の事態を予想していたらしく、結果の分かる前日には覚悟を滲ませた日記を残している。

「骨シンチ（※筆者注…骨シンチグラフィ検査。がんの骨転移を調べる目的で行われる）で少し影があったで、白黒はっきりする為に

今日は、MRIに入ってきました。（略）

明日は、結果です。

白黒はっきりします。

少しドキドキしているけど、もうどうしようもないし!!

ちゃんと、うけとめよう!!」

感情を真正面から受け止めて正直に書く。そうした性格からか、彼女のホームページには、闘病の辛さと同じくらい、家族生活の喜〝怒〟哀楽が色濃く残されている。家族が閲覧することも想定しながら、家族への遠慮がない。だからこその独特のリアルさがある。

ピグレットさんは夫と当時5歳の長男の3人で暮らしており、19歳で結婚して家を出た長女もいる。日記で二人の子供に言及する際は節々から愛情が溢れているが、夫さんに関してはタイミングによって愛憎が入り乱れている。その理由は、普段の日記

と別枠で残している文書「夫婦の危機」シリーズから推し量れる。

ピグレットさんのがん発覚直後、夫さんは出会い系サイトを通して若い女性と浮気したそうだ。バレると謝って関係を精算したが、感情のしこりは簡単には消えない。加えて、夫さんは2005年には転職先でのストレスによってうつ病になってしまった。ピグレットさんもどう対応していいか分からず、夫婦間の喧嘩が絶えない状態になってしまったらしい。

ピグレットさんは「もし私に何かあっても（他界しても）息子を主人には、託したくない!!気持ちです。」とまで書いている。その一方で、普段の日記では、夫さんを頼りにしている旨をつぶやいたり、うつ病を抱えながら懸命に社会復帰する姿を応援したりもしている。

夫さんもまたピグレットさんを支える意志を持っていたと思われる。2006年末にピグレットさんが緊急入院した後、近況報告の代筆を務めている。最後の日記となる翌年1月9日の日記も夫の代筆だ。

「明日は緩和の精神科医のカウンセリングがあると看護師が言っていました。私の主治医でもあるので良い話が出来る事を、願ってます。又ここで私の心もうちあけます。」

この投稿のコメント欄にピグレットさんの訃報が書き込まれたのは3ヶ月後のことだった。書き込んだ友人によると、4月13日に亡くなったという。43歳だった。

以後ブログは放置され、夫さんが「私の心もうちあけ」た様子は今のところない。

# ネガティブな感情に沈まずに毎日更新 米国で暮らす40代獣医の闘病と日常

アメリカの永住権を持つ日本人のDRYさんがブログを始めたのは2007年1月15日のことだった。1年前に大腸がんの手術を受け、社会復帰するまでの時間を持て余しているときに開設した。ただし、闘病記ではない。1週間に1回ほど治療や病状について書いているが、他は3人の息子たちが精を出しているインライン・ホッケーのことや、日米のメジャースポーツ、アメリカ生活や時事問題のこと

## アメリカ生活20年

http://blog.livedoor.jp/cahdry/

■最終更新:2009年11月20日
■亡くなった推定時期:2009年11月7日
■死因:病気(大腸がん関連)

など、身の回りの出来事を伝えるのがメインのブログだ。タイトルも「アメリカ生活20年」で、闘病にはスポットを当てていない。その日常のなかにがんとの闘いが控えめに組み込まれているというバランスを意識的に保ち、開設日から毎日更新を続けていった。

多方面の話題に及ぶ日記を読んでいくと、自然とDRYさんの人柄や半生が浮かぶようになる。

大阪出身のDRYさんは、東京の獣医大学を卒業後に米国の大学院に入り、日本での就職を経て再び渡米し、1980年代後半に本格的なアメリカ生活を始めた。1993年には自身の獣医院を開き、そこを拠点に家庭を育むことになる。故郷の大阪に強い愛着を抱きながらアメリカでの暮らしを望み、妻と子供を愛しながら仕事に精を出す日々に充実を覚え、時事問題を語るときは風刺や批判をちらつかせたりもするしたまに愚痴も書くが、基本的には現実から目を背けず前向きな姿勢で物事を捉える性格。絶望や諦観が表に出た闘病ブログに接すると「私とは違った価値観」と感じるくらい、ネガティブな感情表現には神経質なところもあった。

そんなDRYさんだからこそ、病状が悪化していく記述が淡泊なのは自然なことのように思える。2008年11月に腫瘍マーカーの値が上がり、主治医からこれまでとは違う治療法を提案されたときも、年明けの1月に試験中の薬を試してみることを勧められたときも感情の起伏は残していない。6月に呼吸困難で救急車を呼び、以後の治療がストップした時も同様だ。ただし、その裏には自己催眠的な効果を狙った意識が隠されていることが、7月4日の日記から見えてくる。

「木曜日にヒーリングの先生に会った時に言われたの話です。彼女には病気になってから、2年半ほどお世話になっています。

夜中に腰や股関節が痛くなったり（それも痛い場所が移動）、不整脈の為に胸が変な感じだったり、まだ本調子ではない事を伝えると、『自分の中に不安に思っている気持ちが、ネガティブな要素として働き、痛みとなって体のどこかに現れる。』と言われました。（略）よく『病は気から』と言いますが、本当にそのとおりだと思います。今はとりあえず『私の身体は、毎日毎日よくなっている。』と信じるようにと言われました。」

必死に闘っていることが知れる。次第に疼痛が増してモルヒネが必要になってからもこの思考法を貫いた。が、この段になると「病気になって以来最悪の状態」（9月15日）といった発言もみられるようになる。

9月末には2年半以上続けてきた毎日更新の一時中止を示唆し、実際10月以降は休みがちになった。10月9日の日記。

「先日の胃カメラ・大腸鏡・PETスキャンと、血液検査の結果も全て出ました。今の状態のことを書いて、あまり内容がシリアスになっても本意ではありませんので、診察などで疑問に思った事だけをなるべく書きたいと思います――」

その約1ヶ月後、ネガティブな思いのほとんどを行間に押し込んだまま、40代の若さでDRYさんは静かに生を終えた。

# 奇跡を信じる己を作るためにブログを活用 30代前半で肺がんになった男性の闘い

「肺がんは絶対治る！
元気とやる気で肺がん治る。信じれば救われる。どうか皆様『肺がんは治る』と信じさせてやってください。そうすれば、きっと笑顔が戻ってきます。」

白いひよこさんの自己催眠的な戦略は、前項の人たちよりさらに先鋭化していた。

宮崎県在住の白いひよこさんは、妻と2人の子供、養鶏場での仕事を愛する30代の男性だ。２００４年にブログを

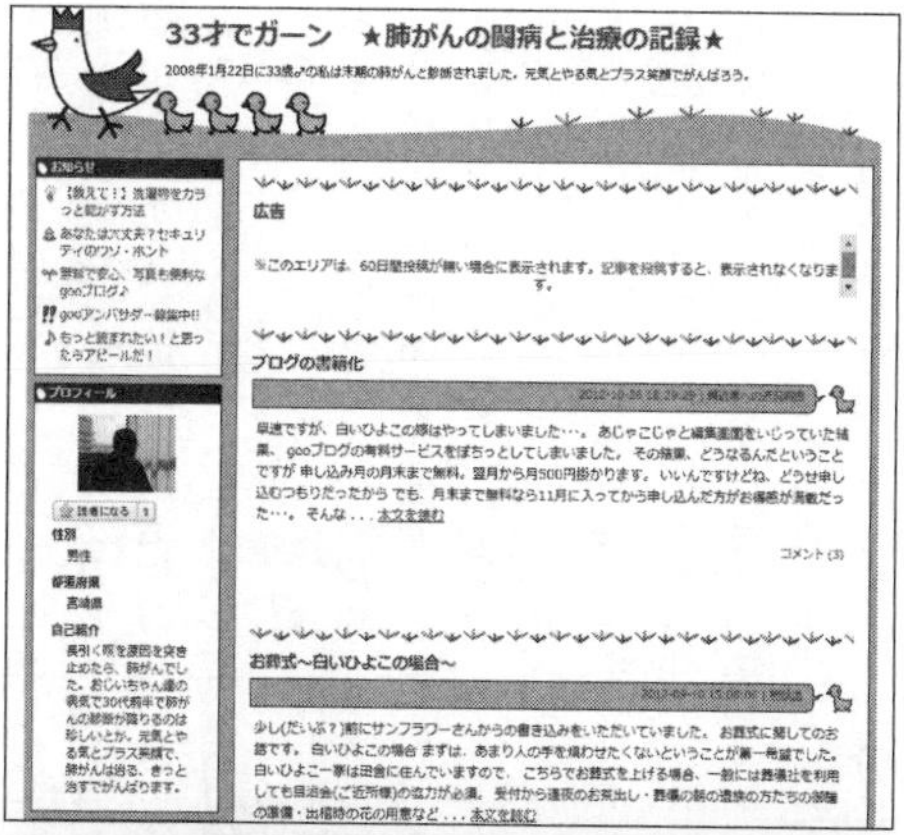


**33才でガーン★肺がんの闘病と治療の記録★**

http://blog.goo.ne.jp/siroihiyoko

■最終更新:2012年10月26日
■亡くなった推定時期:2010年6月1日
■死因:病気(肺がん関連)

始めたものの、1年を待たずに更新意欲が減退し、2006年末を最後に放置するようになった。それがタイトルを変えて突然復活したのは2008年2月14日のこと。同年1月に末期の肺がんと脳転移が見つかり、抗がん剤治療のための入院中に一念発起して再スタートしたという。当時の心境を半年後に振り返っている。同年7月5日の日記。

「本来の目的は、子供達に少しでも文章を残したいという思いからなんです。当初、目の前にあったのは『死ぬ事』それに対しての準備が優先されました。たくさんたくさん気持ちを文章にして子供に残そうって。『たとえば結婚式のスピーチとか・・。』そして、一人になった嫁さんを励ます言葉とできるだけのアドバイスをって。」

しかし、その行為は遺言をしたためる……即ち近い将来の死を受け入れる行為だと捉えた白いひよこさんは、すぐに死を遠ざけて家族と長く暮らすためにブログを利用するという意識に切り替える。西洋医学の常識に従えば完治の望めない状態であることは分かっているが、東洋医学の「病は気から」を極めることで奇跡を起こす。そのために病気が治る前提で前向きに日々の治療を日記にまとめて、読者にも肯定してもらう。その循環への協力を呼びかけているのが冒頭で引いた同年11月20日の日記だ。

そうした考えでの再スタートであるから、抗がん剤が効いて小康状態になっているときはほとんど更新しなかった。節々の記述から読者のことを考えないわけではなかったようだが、元気なときは極力闘病の証拠を遠ざけることを最優先にしたとみられる。職場復帰するなどして元気なときは更新が月に0～1回程度となり、再発して長期入院すると2日に1回以上のペースに戻るというスタイルは2009年末まで続けられた。

しかし、2010年に入ると、更新が滞る理由は深刻な体調悪化に変わる。2月には脳腫瘍による上半身のしびれや吐き気がひどくなり、3月には呼吸困難で病院に駆け込みもした。本人による最後の更新となった4月14日の日記にはこう綴られていた。

「働きたい。でも2階に上がるだけでぜえぜえはあはあ。運動するにも動くだけ悪くなります。自分で働けないと思うのが一番ブルーになります。肺がなんとなく痛い、胃痛もたまに、どこそこで体をぶつけている。からだふらふら。

正直もういいんじゃないかとも思う。まだまだ、家族の為元気にいきていかないいと。よめさんごめんな。ありがとな。もう少しまだまだがんばるぞ！」

次の更新は6月2日。白いひよこさんの訃報と葬儀の日程を報せる短いもので、「よめさん」こと妻がアップした。亡くなったのは6月1日の昼。34歳の若さだった。以後も葬儀や一周忌、七回忌、お墓参りなどの日記が2016年まで投稿された。ブログにはこういう付き合い方もある。

# 死の前日まで自撮り動画を配信し続けた丸山夏鈴さんの闘病と人生とアイドル生活

「こんにちは。今日から動画を少しずつ配信していきたいと思います。よろしくお願いしま〜す。ばいば〜い」

2012年夏にデビューしたアイドル・丸山夏鈴さんがYouTubeチャンネル「夏鈴のひとりごと」を始めたのは2015年4月5日のことだ。2月にファーストシングル『Eternal Summer』をリリースした一方で、3月末から放射線治療のために長期入院に入っていた。治

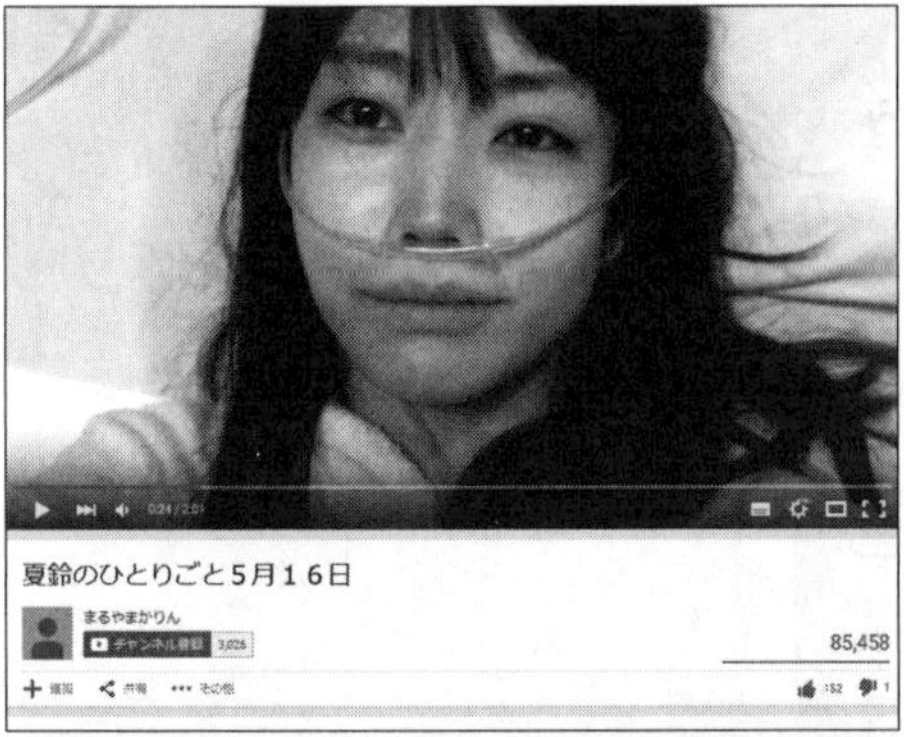

**夏鈴のひとりごと**
https://www.youtube.com/channel/UCJhJjNOkljnki_Hctzcak2A
**かりんの夢への階段**
https://ameblo.jp/pukarin-cho/

■最終更新:2015年6月12日
■亡くなった時期:2015年5月22日
■死因:病気(脳腫瘍関連)

療の間もファンに近況を伝えるべく自らスマホを握った。2013年末に判明した肺がん（本人は2014年9月判明と捉えていた）のため、外出時や体調が悪いときは鼻に酸素チューブをつけた状態でカメラを回していたが、彼女の闘病はそれが最初ではない。

最初に異常を覚えたのは、小学2年だった2001年のこと。アイドルデビュー前から続けている公式ブログ「かりんの夢への階段」で自ら説明している。人生で7回目の手術を終えた後に綴った2013年12月23日の日記にこうある。

「小学2年生の冬、
『音読カード』の宿題を忘れて先生に注意されていたときにめまいで倒れたり、
体育のなわとび中に具合が悪くなったり、
高熱と吐き気でインフルエンザだと思ったり
高校3年の冬の再発のときには生徒会で、授業で、アルバイトで
すごく忙しいときに文字が書けなくていらいら。
こうした『なんだろうね？』からわたしは脳腫瘍と診断されて
中学2年、高校3年で2回、
今年で3回手術して
12年ぐらいつき合ってます。」

小学生の頃から脳腫瘍を患っていることを自覚して生きており、学校生活の間に生死をかけた長期の入院を何度も経験してきた。その間にあこがれを抱くようになった

アイドルという職業を志し、大学1年時に講談社のオーディションに合格した。

その後、脳腫瘍の手術を3回受け、肺がんとも向き合わなくてはならなくなったが、アイドルを断念することはなかった。それは、闘病と併行しながら部活や生徒会、大学受験などを精力的に取り組んできた彼女にとって、特段変わった振る舞いではなかっただろう。そのあたりは現行のブログと、中学1年から高校卒業まで続けていた旧ブログ「ぷらっくきゃっと」(http://ameblo.jp/karin-cherry/)を辿ると伝わってくる。

病院のベッドに横たわり、放射線治療用のマーカーが胸元についている姿をＹｏｕＴｕｂｅに配信し、複数のチューブとつながった状態の写真をブログにアップしても無理や不自然さがないのは、だからこそだろう。日常生活と闘病、そしてアイドル活動という異質な要素が、完全に一体になっていると感じさせる。２０１５年4月7日のブログでこう綴っている。

「よくメディア関係者の方に病気でクローズアップされることは嫌？って聞かれることがあります。最初は嫌だったけど、病気と闘う方が『元気づけられました！』っていうコメントを残してくれたり、イベントに来てくれたり、丸山夏鈴は丸山夏鈴だからって言って応援してくれる方がいるので、少しでも勇気を与えることができるならば別に病気でクローズアップされてもいいかなって思っています。

丸山夏鈴は丸山夏鈴です！」

最後の配信をアップした翌日、5月22日に亡くなった。21歳だった。

# 第四章
# 辞世を残したサイト

本人による辞世の挨拶が残されたサイト。
ただし、自殺したものは除く

# 死の翌日に7000文字の「さようなら」アニメーション監督・今 敏さんの事例

『千年女優』や『パプリカ』などの映画作品で知られるアニメーション監督の今 敏（こんさとし）さんは、2010年8月に膵臓がんで亡くなった。46歳没。

その病が判明したのは3ヶ月前の5月だった。医師からはすでに複数の転移がみられる末期の状態と診断され、余命は長くて半年と告げられた。監督作品の最新作『夢みる機械』を精力的に制作している最中の突然の宣告。原作

**KON'S TONE**

http://konstone.s-kon.net/

■最終更新:2014年12月29日（2024年6月時点）
■亡くなった時期:2010年8月24日
■死因:病気（膵臓がん関連）

と脚本、キャラクター、世界観設定に絵コンテ、音楽イメージなど、作品作りに欠かせない膨大な素材を今さん自身が温めてきた作品だったが、断念せざるを得なかった。

「いま死について思うのはこういうこと。

『残念としかいいようがないな』

本当に。」

大きなショックを受けたが、その後の3ヶ月間も妻の手を借りつつ全力で走り続けた。途中で危篤を経験しながらも、抗がん剤治療を拒否して自ら生き延びる方法を探り、一方では権利関係を含む遺産が望む形で後世につながるように準備していった。

その壮絶な日々は、病を知るごく一部の関係者にしか知らされなかった。両親にさえも危篤の前までは明かさなかった。

「出来れば一目会いたい人はたくさんいるが（会いたくないのもいるけれど）、会えば『この人ともう会えなくなるんだな』という思いばかりが溜まっていきそうで、上手く死を迎えられなくなってしまいそうな気がした。回復されたとはいえ私に残る気力はわずかで、会うにはよほどの覚悟がいる。会いたい人ほど会うのがつらい。皮肉な話だ。

それに、骨への転移への影響で下半身が麻痺してほぼ寝たきりになり、痩せ細った姿を見られたくもなかった。多くの知り合いの中で元気な頃の今 敏を覚えていて欲しいと思った。」

その隠された闘いが白日の下に晒されたのは、亡くなった翌日の8月25日だった。親しいスタッフが、「KON'S TONE」に、今さんのお別れの文章「さようなら」を掲載したのがきっかけだ。亡くなった後に掲載するように、今さんからあらかじめ頼まれていた。

死の直前まで手を入れられたと思われる文章には、病気の判明からその後の懊悩、考え抜いた末に遂行したことと、あえて行わなかったことなどが丁寧に細かく盛り込まれている。およそ7000文字の長文により、当事者の視座で最後の3ヶ月を再現しきっていた。前述の引用部分はすべて「さようなら」からのものだ。

最後はこう締めくくられている。

「さて、ここまで長々とこの文章におつき合いしてくれた皆さん、どうもありがとう。世界中に存する善きものすべてに感謝したい気持ちと共に、筆をおくことにしよう。

じゃ、お先に。

今　敏」

亡くなってから15年以上が過ぎた2024年現在も、「KON'S TONE」はスタッフによって運営されており、「さようなら」の記事は読めるようになっている。これだけの長い期間、別れの言葉にいつでも誰でも触れられるという状況は簡単には作れない。インターネットに当たり前に存在し続ける裏には、それなりの理由がある。

# ＮＨＫ退職直後に末期がんと判明した男性 最後まで記者の視点を貫いて幕を下ろした

近藤彰さんが末期の膵臓がんと告知されたのは２０１２年12月。記者として42年間勤めてきたＮＨＫを定年退職した２ヶ月後のことだった。医師から告げられた余命は１年。ここで気力を落として命を縮めてしまうことを恐れた近藤さんは、「人生の幕引きを出来るだけ能動的に模索」すべく、年明けの１月20日に闘病ブログ「どーもの休日」をスタートさせた。

ブログでは元記者らしく、

**どーもの休日♪～しかしなんだね。ガンだって～**

http://akira1024.exblog.jp/

■最終更新:2014年11月7日

■亡くなった時期:2013年11月2日

■死因:病気（膵臓がん関連）

当事者と解説者の視点が共存した予断のない理性的な文章で、自身の病状と取り巻く環境の現実を淡々と描写している。そして、綴られる闘病生活も至って視野が広い。

一日でも長く生きようと漢方や鍼治療も採り入れる傍らで、まだ十分に動けるうちからエンディングノートの執筆に取りかかり、自分の死後も家族に迷惑をかけないように気を配っている。その本領は、抗がん剤が効かなくなり、体調が悪化した2013年秋以降の日記により大きく発揮されることになる。大量の血を吐いた数日後、9月25日の日記。

「もう少しで食事が再開出来る寸前になっての吐血はショックであった。
もう残された時間は本人が思っているより少ないかも知れない。
家族それぞれに書き残した手紙―贈る言葉―もまだパソコンの中である。
急いで手書きで清書しておかねばならない。
ブログの最終回も早めに準備しておいたほうが良いかも知れない。
宇宙の創造主よ。それぐらいの時間は与えて下さい。
そんなことを考えた。」

それを気持ちだけに止めず、しっかり遂行したことは11月2日の日記が裏付けている。最善を尽くしたものの体調が戻ることはなく、10月に在宅療養中に意識不明で倒れ、11月2日未明に亡くなった。そして、「ブログの最終回」は、家族の手によりその日の早朝のうちにアップされた。

「すい臓がんの末期患者になってから始めたこのブログもいよいよ最終回である。

本音を言えば、せめて70歳までは、せめて子供が結婚するまでは生きていたかった。その意味では誠に残念・無念である。

しかし運命には逆らえない。あの世にもいろいろ事情があるのだろう。そう思って少しは明るい気分で逝くことにしたい。両親や祖父母、友人、すでに逝った職場の先輩なども彼岸にはたくさんいる事である。この世の報告をしてあの世のことを教えてもらおうと思う。

（略）

これまでの人生。たくさんの人のお世話になった。迷惑をかけた事もたくさんあった。それでも楽しく人生を送ることが出来たのは縁を結んだ数多くの人の好意があったからである。

本当にありがとうございました。皆様のご多幸を祈念しております。さようなら。」

日記の末尾には、家族一同の署名で「当ブログは同じすい臓がんで苦しむ人のお役に立ちたいという故人の意思でしばらくの間はこのまま掲載させていただきます」と添えられている。


見事な辞世。だが、近藤さんはすべてを割り切って死に挑んだわけではなかった。膵臓がんが発覚してから亡くなる直前まで「本人が理不尽と思う死にどう気持ちの折り合いをつけるか」に頭を悩ませ続けてきたとも書いている。ブログはその思索の成果物のひとつといえるだろう。

# 間近に迫る死を受け入れて辞世をアップ　直腸がんと闘うMOMOさんの強靭な理性

「皆さんいつも本当に本当に暖かいコメントやご意見、励ましの言葉…沢山ありがとうございました。m（＿＿）m

　あまりに申し訳ない結果なのですが、本日主治医と話し合いした結果、近日中にブログの更新は出来なくなるものと思われます。それに…あまり皆さんに期待を持たせる結果にはならないようで…（＞＞；）このままブログの更新をしていたら、同病の方に絶望感を与えてしまうので

**進め! 一人暮らし闘病記。**
http://plaza.rakuten.co.jp/momochan0511/

■最終更新:2009年3月13日
■亡くなった推定時期:2007年4月21日
■死因:病気(直腸がん関連)

は？とか、余計に心配や迷惑をかけてしまいそうで…（滝汗）この辺でキリもいいし、思いきってブログの更新を辞める事にいたしました。

本当のブログの最後の挨拶は、今後落ち着きましたら、相方から葬儀が終わった時点でお知らせして頂く事にしました。

『相方ぁ〜頼んだぜっ！』（＾＾）v」

この文章は、直腸ガンを患う30代の女性・MOMOさんが亡くなる一週間前に自らブログにアップしたものだ。日付は2007年4月14日。主治医から余命幾ばくもないことを告げられたこの日、これから文字入力も厳しくなる局面を迎えると察知し、余力があるうちに書き上げた。無理に明るく振る舞っているわけでなく、すべてを受け入れて普段通りの調子で書いていることは、これまでの日記を読めば分かる。

MOMOさんが身体に異常を覚えたのは2005年3月。下血が一週間続いたため、病院で検査を求めた。診断結果はステージⅢbの直腸がん。他の部位に転移がみとめられる状態だ。それから半年間で二度の大手術を受け、オストメイト（人工肛門を造設した人）となった。しかし、まもなくがんの再発転移が判明する。外科手術で除去できる状態ではなかった。「進め！　一人暮らし闘病記。」を始めたのはその頃だ。

これまでの闘病記やがんに関する情報、大腸がんで亡くなった母のことなどを振り返る文章をまとめつつ、現在進行形の生活をブログに綴っていった。そこで語られる内容はシビアだが、文体は前述の日記と同じくいたってフランク。自らの死について目を背けずに論じる姿勢も最初期から貫かれていた。２００５年11月17日の日記。
「ターミナルケアーって言うとちょっと後ろ向き？
なんて思うかもしれませんが、実はかなり
前向きな見解だと思う。
形あるものはいつかは壊れるという言葉通り
人間も生まれてきたからには必ず死があるんです。
ってことなんだと思うんですよね。（略）
私自身まだ治療もあきらめてませんが
でもいつかはきっと必要になるときがくるんだろうな。
実家帰って自宅で死を迎えるのはちょっと難ししそうだし、
やっぱり病院がいいかな？なんて思ってるんですよね。」
死にたくない感情や痛みに対する恐怖心は隠さず表に出しているし、自分の人生や余命を諦めている感じは一切ない。ただ、そうした感情とは別のところで、自らの状態をドライに客観視する目を持っていて、避けようのない死が近づいてくる現実を静かに受け止めている。そうしたＭＯＭＯさんの根底にある強靭な理性が、ＭＯＭＯさんをして生きているうちに別れの日記をアップさせたのだと思う。
亡くなったのは４月21日。訃報はＭＯＭＯさんの願いどおり、「相方」さんによって葬儀が終わった後にアップされた。

# 己が失われていく恐怖に淡々と向き合った30代脳腫瘍患者のお別れの挨拶

脳腫瘍は発生する場所によって様々な症状を引き起こす。視野が狭くなったり感情が抑えられなくなったり様々だ。31歳の会社員・リリーさんの場合、最初の違和感は漢字がすらすら書けなくなったことだった。書類を作るのに妙に苦労し、ほぼ時を同じくして激しい頭痛に襲われるようになった。症状が続いたため、医師に診てもらったところこの病名に辿り着いた。2011年5月のことだ。

## Yと脳腫瘍

http://lily100100.blog.fc2.com/

■最終更新:2012年9月15日
■亡くなった推定時期:2012年9月12日
■死因:病気（脳腫瘍関連）

すぐに手術で腫瘍が取り除かれたが、月を越えないうちに再発した腫瘍が見つかり、8月中旬に再手術することになった。ようやく退院となったのは9月末。「文字の読み書きに軽く不具合を感じるものの元気に過ごしています」というところまで回復し、10月には復職も果たしている。ブログ「Yと脳腫瘍」を開設して、これまでの闘病といまの生活を綴るようになったのはちょうどこの頃だ。

執筆時点で綴られていた内容は退院までの4ヶ月間が中心。過去の振り返りが終わった後は、定期的な検査と共に送る平穏な日々の日記になるはずだった。

しかし、翌年2月に再々発が判明したことで、ブログの様相は現在進行形で病状が一進一退する闘病記に一変する。翌3月には3度目の手術を受けて進行に歯止めがかかったものの、以後は読書の機能が戻らず、漢字にも明らかに弱くなったという。次第にブログの文章を書くことも、応援コメントを読むことも難儀な状態になっていき、初期には皆無だった誤字脱字がしばしば見られるようにもなっていった。それでもコミュニケーションを諦めず、6月までは時間をかけて日記更新とコメントへの返信を続けた。

以後の状況は妻による代理投稿によって知れる。7月に入ると話がかみ合わない場面がたびたびみられるようになり、食欲も減衰していったという。8月には話しかけてもすぐ眠るような状態が多くなり、たまに交わせる会話にも夢や幻覚が混ざるようになった。そして、9月12日21時に亡くなったとブログにアップされた訃報は伝える。32歳没。

しかし、ブログはここで終わらない。最終更新は葬儀が済んだ後の9月15日。妻の手元にはリリーさん自らが書いたお別れの手紙があり、ブログにも載せてくれた。喪主挨拶でも引用したという。

それは携帯電話に残されていたもので、書いた日付は2月28月の小康を経て再々発が見つかって間もなくの時期のものだ。

「昨年、病気を乗り越えもう大丈夫だろうと思っていた自分は、5ヶ月での再発、そして急速に成長する腫瘍にとても驚きました。

症状は日々進行していき、自分の脳が病気におかされて行くのを感じています。治療の効果に期待をしているけど、置かれた状況は非常に厳しく、自分が自分でいれる時間は残りわずかかもしれません。

これといった野望を抱えて生きてきたわけでは無いけど、日々の何気ない生活に幸せを感じていた自分にとって、病気により日常を奪われた事はとても残念で、悲しいです。

平均寿命くらいは生きたかったなぁ。（略）

自分は肉体を失い居なくなってしまいますが、いつも皆さんを見守っています。

良ければたまぁに思い出して下さいね。

自分は皆さんの中でも生き続ける事ができます。

皆さんの健康・幸せを願っています。

ありがとうございました。

心から、ありがとうございました。」

# 「余命1カ月を切っていると自覚しています」羊毛とおはな・千葉はなさんの別れの挨拶

アコースティックデュオ・羊毛とおはなのボーカルを担当する千葉はなさんは、2015年4月8日、乳がんにより36歳の若さで亡くなった。2014年5月に活動休止するなど、それまでも療養中であることは公にしていたが、病名はごく一部の関係者を除いては明かしておらず、大半の人には突然の訃報と受け止められた。

闘病の具体的なところは没後公式ブログにアップされた

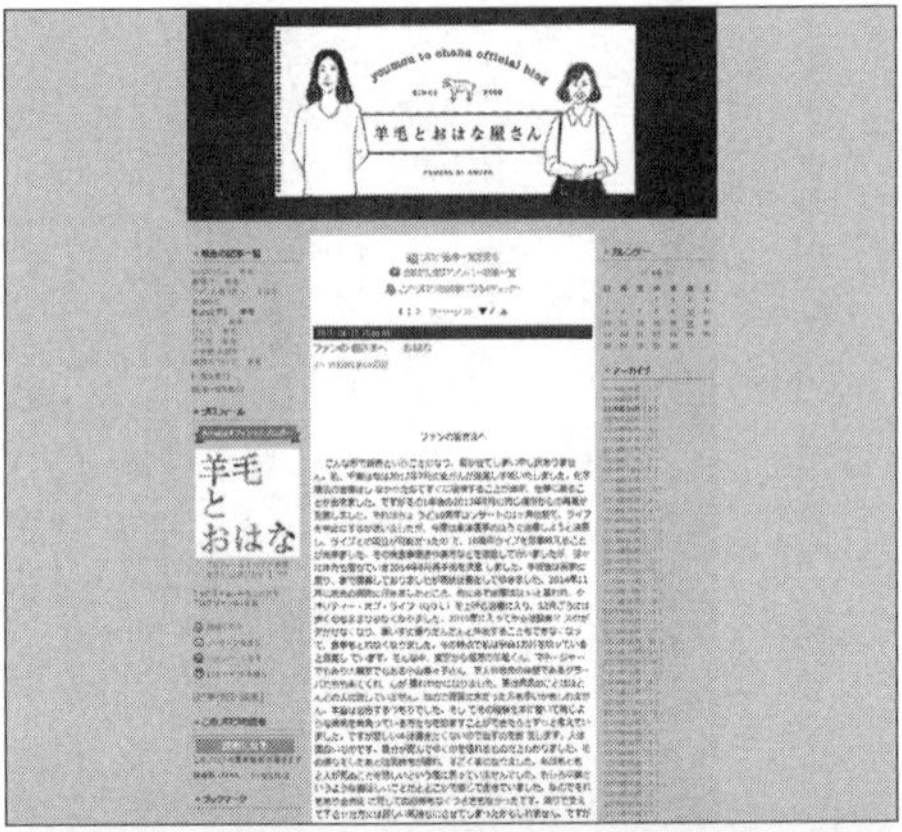

**羊毛とおはなオフィシャルブログ**

http://ameblo.jp/youmoutoohana/

■最終更新:更新中

■亡くなった時期:2015年4月8日

■死因:病気(乳がん関連)

手記「ファンの皆さまへ」で詳らかにされる。公開は4月17日だが、書いたのは3月21日だ。親友でもあるマネージャーに生前託していた。

「こんな形で報告ということになり、驚かせてしまい申し訳ありません。私、千葉はなは2012年7月に乳がんが発覚し手術いたしました。」

すぐに手術したが、2013年9月に再発。悩んだ末、間近に控えていた結成10周年コンサートと治療の両立を実現したものの、以後は体力が低下していき、2014年5年に活動休止を余儀なくされる。翌月に再手術したが病状は悪化を続け、同年11月には根治ではなく痛みを抑えることに重点を置く緩和ケア治療を受けるようになった。

「2015年に入ってからは酸素マスクが欠かせなくなり、車いすに乗りだんだんと外出することもできなくなって、食事もとれなくなりました。今の時点で私は余命1カ月を切っていると自覚しています。」

治癒した後に闘病記を出版するつもりだったが、これを書いている時点ではすでに断念しており、間近にある死をただ静かに受け入れる心境に達していたようだ。

「人は面白いものです。自分が死んでゆくのを悟れるものだとわかりました。その悟りをしたあとは気持ちが晴れ、すごく楽になりました。私はもともと人が死ぬことを悲しいという風に思っていませんでした。むしろ卒業というような喜ばしいことだとどこかで感じて生きていました。なのでそれもあり全然死に対しての恐怖もなくつらさもなかったです。周りで支えて下さった方には寂しい気持ちにさせてしまったかもしれません。ですが私は今とてもワクワクしています。皆さんとひとつになれるような気がするからです。私の身体はなくなっても、私は存在します。だから悲しまないでください。」

ギター担当の市川和則さんは、病名を伏せていた理由について「羊毛とおはなの音楽は前向きで明るい音楽なので、ファンの方に病気のイメージを持って聴いてもらいたくないというのが二人の中にありました」とコメントしている。

千葉さんがブログに書いた日記を振り返っても、重い闘病や死を印象づけるものは何もなく、乳がんが判明したときも、活動休止後の症状が重くなっていったときも、普段どおりの明るい調子を崩さなかった。2013年に乳がんの再発が告げられたときは微かに動揺を感じる日記を残しているが、それもそれも没後に読み返して気づく程度の違和感だ。とにかく、羊毛とおはなのイメージに影を落とすような行為は一切しないように細心の注意を払っていたことが窺える。

千葉さんが亡くなって9年が過ぎた2024年5月、羊毛とおはなの20周年を記念したトリビュートアルバム『まなざし』がリリースされた。市川さんや千葉さんの没後もともに歩んだアーティストが集結して制作されたものだ。このアルバムにも、千葉さんが直接関わったオリジナル音源やブログと繋がる朗らかな空気が漂っているように感じた。

# 最後は自らの手でお別れをアップ 心身の痛みに背かず闘った女性のブログ

まゆさんの闘病生活は、病名さえ分からない状態から始まった。２００８年10月に肩こりがひどくなり、病院を渡り歩いて原因を探っていったところ、翌年３月にステージⅣの肺がんと判明。すでに治療しなければ余命半年という状態だったが、当初は家族だけに事実が伝えられた。一ヶ月後に本人も知るところとなり、そこから病気や生命と向き合う日々に突入する。36歳になってすぐのことだった。

**★ガンでも頑張る闘病記★**

http://km1022.blog115.fc2.com/

■最終更新:2011年5月18日

■亡くなった推定時期:2011年6月4日

■死因:病気(肺がん関連)

トラックの運転手だった夫は病院に駆けつけやすいように倉庫内作業の部署に異動し、専門学校に入学したばかりの長女は2人の弟の世話も含めて家事全般を担った。両親も頻繁に駆けつける。一家総出でまゆさんを支えた。そんな周りに応えるようにまゆさんも闘い続ける。悪い方向に進む検査結果を聞くたびに泣いたり取り乱したりしながらも、治療を放棄する態度は一切取らなかった。一人でいるときにブログを書くようになったのは、そうした闘いの日々が1年過ぎた頃だ。

ブログでも思考に一切のフィルターをかけなかった。2010年6月に脳への転移が見つかったときは、「もうこの先に希望なんて見えてこない」「あとは、身近に迫っている死をただ待つしかないのかな?」と素直に絶望を吐き出し、同年9月に入院した際は「万が一病状が悪化して、急に具合が悪くなったとしたら手紙なんて書けないんじゃないか?」と考え、死後に渡す家族への手紙を書くつもりだと明かしている。

そして、がんセンターで手の施しようがなくなったと告げられた後に書いた11月30日の日記には、まゆさんの価値観と考え方が凝縮していた。がんによる死と不慮の突然死。どちらがいいか考察する内容だ。

「何も知らなければ死の恐怖と闘わなくてもいい…

でも、何も残す事も伝える事も出来ない。

死の恐怖と闘った人は　乗り越える事が出来た　出来ないは関係無しに伝える事もできる。思い出も作る事ができる。

私はガンになってしまった側なので　そっち側からしか話す事は出来ないが
病気にならずにそのまま生きていれば
気付く事が出来なかった事は確かにあるだろう…
でもそれは気付かなくても困らない事で　気付けたら小さな幸せも感じられる位の
事で、たいていの人は気付かずに死ぬと思う。」

その後も治療を続けてくれる病院を探し出し、２０１１年春まで闘い続けた。しかし、がんの転移は進み、全身の疼痛は重く、思考がぼやけることも多くなっていった。

4月末には「もう、これ以上良くなる事が無いなら私はもう充分です」と諦めの心境となる。

5月14日にはブログの読者に向けて別れの日記をアップした。タイトルには、これまでほぼ見られなかった脱字があり、苦しい状況のなかで更新したことが察せられる。

「タイトル：いままであがとう！
最後のご挨拶になるかな？
去年の5月から始めたブログ…
呼吸器が届けばもっっと楽になると思ってたど
苦しくて一人では起き上がれません。
きっと、ブログを書くのは　もう無理っぽいです。（略）
本当にありがとうございました。

動けたらまた書くからね
ありがとう
挨拶で来て良かった！」
その後やや回復し、5月18日には近況報告を更新できたが、それが最終更新となっている。
「タイトル：ニュー更新!!
まだ、穏やかな日々を過ごしています。
酷い痛みは無く、
酷い苦しみも無く
昼間は、母親が付き添って
夕方からは子供やパパが側に来てくれる。
最後の穏やかな生活。（略）
悩んでもうこのまま書かない方がいいかな？とも思ったけど
やっぱり今の現状を伝えたくて、更新しました。
これからも、調子のいい時　少しだけでも更新します。
応援ありがとう」
コメント欄に書き込まれた訃報によると、半月後の6月4日に息を引き取った。

# 「goodbye world」――佐久間正英さんは存命中に社会的な死を受け入れた

音楽プロデューサーの佐久間正英さんは、２０１３年８月９日、公式ブログに「goodbye world」という日記をアップした。３０００文字を超える長文で最後に署名もつけるなど、他の日記とは明確に異なる特別な意識で書かれている。

「２０１３年４月上旬自分がスキルス胃ガンのステージⅣになっている事を知る。今年から小学校の一人娘の入学式前日の出来事。」

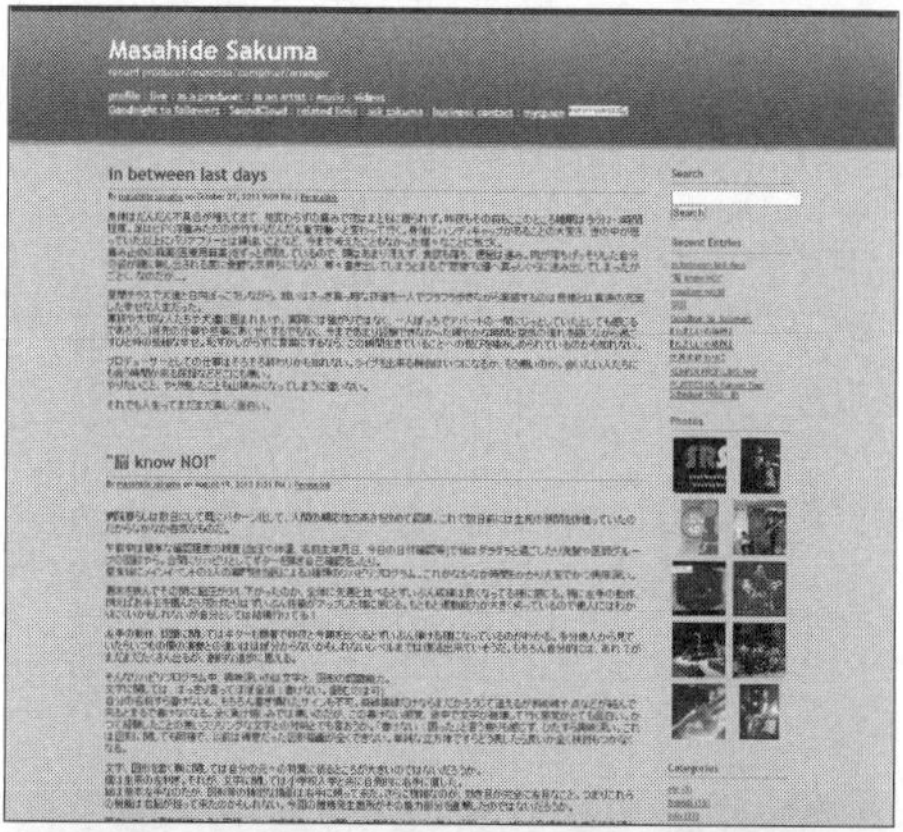


**Masahide Sakuma**

http://www.masahidesakuma.net/ ※閉鎖

■最終更新:2013年10月27日
■亡くなった時期:2014年1月16日
■死因:病気（胃がん関連）

61歳を迎えて間もなく、4ヶ月前に末期の胃がんと診断されたという突然の告白だった。脳には転移と思われる腫瘍があり、左腕の空間認識感覚からギターが上手く弾けなくなるといった症状も出ているという。胃にはメスを入れないが、脳腫瘍は手術で対処することに決めた。失敗すれば障害が残ったり悪化したりするかもしれない。その心配から書いた日記だった。

「8月14日に脳腫瘍の手術を受ける。きっと元気に戻って来よう。」日記は再帰を誓う文章で締めている。日記のタイトルはプログラミング言語を学ぶ初歩の課題として有名な「hello world」をもじったもので、いわば辞世そのもののニュアンスがある。

佐久間さんは翌年の1月16日まで生をつないでいて、その間もブログやSNSなどをたびたび更新しているが、この日記をもって社会的に生存することに区切りをつけた感がある。裏付けるのが12月23日のFacebookの投稿だ。「ふと気付いた。TwitterもFBもブログも生きて（活きて）いる人たちのものなのだと。

そう思うと、すでに活きている状態にない（生命の有り無しではなく）自分にとっては撤収すべき時期なのではなかろうか。

この先書けることは日増しに悪くなる容態くらいで、そんなことを書いても何の役にも立たない。

訃報の知らせを掲載する為に残しておこうと以前は考えていたが、そんなことはここで知らせずともいつか伝わるものだ。急ぐ情報でもあるまい。」

現在の自分を「すでに活きている状態にない」と規定して、SNSでの交流から身を引こうという考えの表明だった。実際、その後も何度かSNSの投稿がみられたものの、長文で自身の考えを伝えるものはなく、軽めの近況報告に留めている。

ただ一方で、〝活きる〟ことを拒絶することもなかった。

少しさかのぼるが、10月27日に書かれたブログの最終日記が象徴的だ。タイトルは「.in between last days」(最後の日々の間に)。

「痛み止めの麻薬をずっと摂取しているので、頭はあまり冴えず、食欲も落ち、便秘は進み。肉が落ちげっそりした自分の姿が鏡に映し出される度に憂鬱な気持ちにもなり…等々書き出してしまうとまるで〝悲惨〟な道へ真っしぐらに進み出してしまったがごとくなのだが…。昼間テラスで犬達と日向ぼっこをしながら、或いはさっき真っ暗な夜道を一人でフラフラ歩きながら実感するのは悲惨とは真逆の充実した幸せな人生だった。(略)

プロデューサーとしての仕事はそろそろ終わりかも知れない。ライブを出来る機会はいつになるか、もう無いのか。会いたい人たちにも会う時間が来る保証などどこにも無い。

やりたいこと、やり残したことも山積みになってしまうに違いない。それでも人生ってまだまだ楽しく面白い。」

# 死を覚悟したあとに開設したホームページ
# まめな性格と家族への思いが今に残る

1999年夏、精巣がんと診断された賢さんは2回の長期入院と1回の再発を経て、2001年初頭にホームページ「MySchool」を立ち上げた。始めた心境は「自己紹介」欄に残している。「35歳の2児の父です。死ぬことは、さほど怖くありません。でも、子供のことを考えると。。。

このホームページは、作ることで病歴などの整理ができる、応援してくださるみなさ

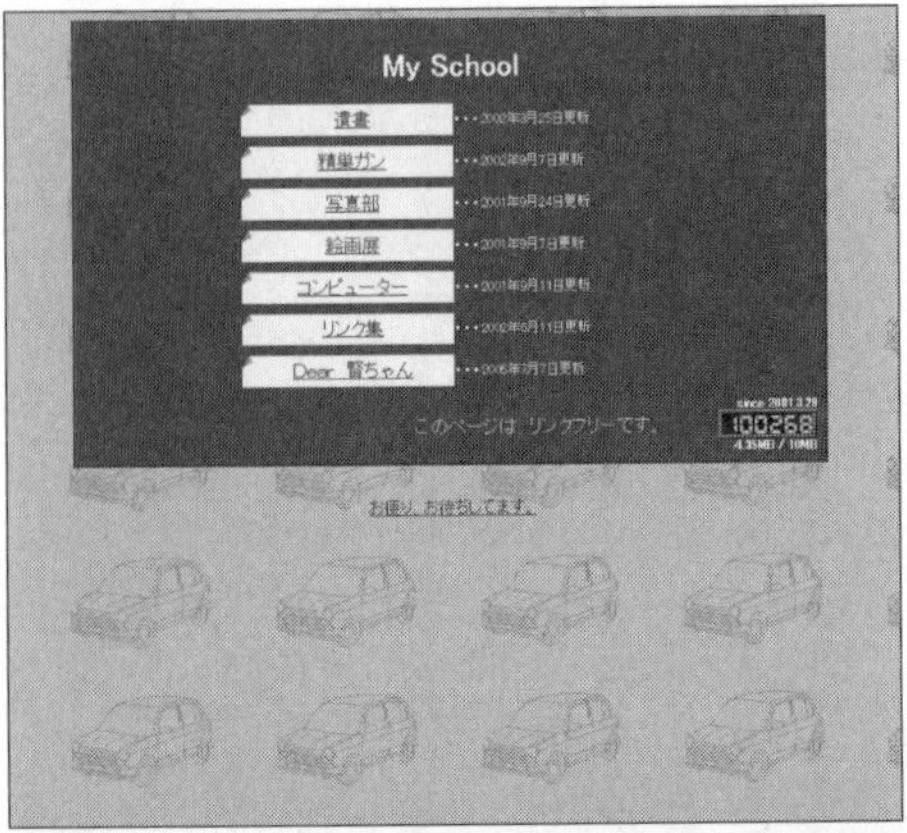


**MySchool**

http://kkmc.web6.jp/kenji/

■最終更新:2005年7月7日

■亡くなった時期:2002年9月7日

■死因:病気(精巣がん関連)

んへの報告、および他の患者さんたちの参考になればと思い作成しました。」

その宣言どおり、「精巣ガン」ページは治療の歩みを時系列でまとめており、対応した時期の入院日誌ページに飛べるように細かく作り込んでいる。この時間表は、主治医に西洋医学ではこれ以上治療できないと伝えられ、抗がん剤治療を止めて自宅療養に移行した2002年7月に終わる。

しかし、ページ内コンテンツの「入院日誌」は亡くなった当日まで続いている。厳しい状況でも自分で決めたルールを厳守する。そんな賢さんの性格が滲む。2002年8月25日の日誌。

「この病気になって、今まであまり腫瘍の存在を意識することはありませんでした。抗がん剤治療の副作用ではさんざん苦しみましたが、腫瘍そのものが痛みを発することは　あまりありませんでしたから。しかし、今ははっきりと悪さをしているのがわかります。今はあせらず、のんびりと過ごすだけです。（あと何回、ホームページを更新できるかな？）」

その後、自力での更新が難しくなり、家族に口述筆記などを頼むようになったが、日誌は死の前日まで続けた。

9月7日夜。自宅のソファで妻の手を握り、感謝を伝えながら穏やかに息を引き取ったという。訃報に際して、妻の佐栄子さんは初めて一人称の文章をしたためている。

「『この状況の中で家族と共に自宅で過ごせてどんなにか心の支えになっている。良かった。』と主人はいつも言っていました。

『末期のがん患者が家族と共に家で過ごすことの大切さと大変さを、同じような状況の人やその家族や周りの人々に知ってもらいたい。そのためにもホームページの更新はできる限り続けたい』とも言っていました。」

賢さんはホームページを立ち上げた時点で死を覚悟していたが、5回目の長期入院に入った2002年3月には死期が近いことを悟ってか、「遺書」というページを新設している。3月7日から25日にかけて、家族や友人知人に向けた15の「遺書」がアップされた。そのなかのひとつに佐栄子さんに向けた「いい人を見つけて」というものがある。

「私が、あなたなしではがんばれなかったようにあなたも、一人ではがんばれないでしょう。いい人が見つかったら、再婚を考えてください。」

佐栄子さんたち家族は賢さんの没後にサイトの管理を引き継ぎ、「Dear 賢ちゃん」という新たなページを設けた。2人の娘との日々を賢さんに報告する日記で、一周忌や三回忌が過ぎてもコンスタントに続けられた。更新は2005年7月7日が最後となっている。元のサイトは2022年に閉じたが、2023年11月に現在のドメインで当時のままのサイトを復元している。

これだけ長期間の管理が続いている故人のサイトは多くない。第六章で採り上げる要素を多分に含んでいるが、サイト自体が辞世の覚悟の上に成り立っているため、この章で採り上げた。

# 心筋梗塞と白血病、肺がんと闘った男性 過去ブログにもまとめて辞世の日記を投下

「ご挨拶　2015年6月27日

SR400です。少し早いかも知れませんが、容態の急変や脳転移による認知症、手の麻痺も十分想定されますので、お別れのご挨拶をさせていただきます。」

高知県で暮らす59歳の男性・SR400さんは、この挨拶を4つのブログにアップした。ひとつは自分史をまとめるために2013年に開設した「SR400のブログ」、

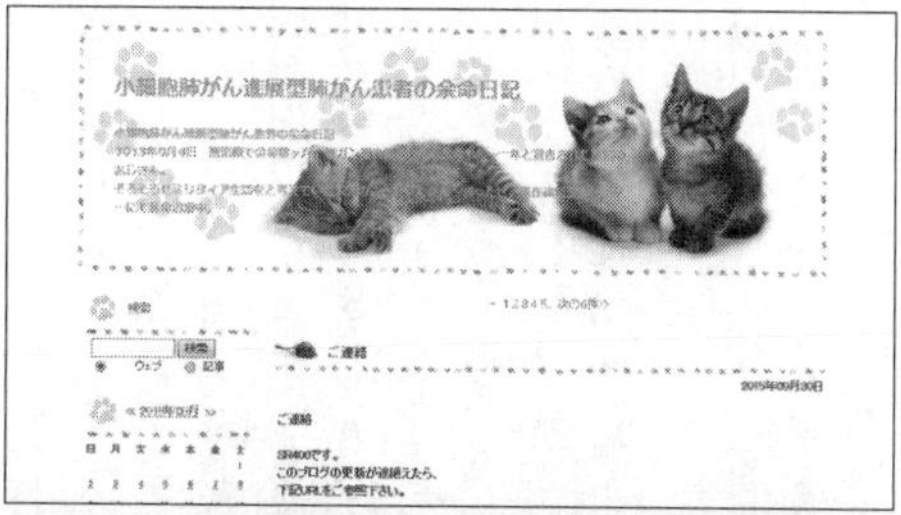


**小細胞肺がん進展型肺がん患者の余命日記**
http://parvicelllungcancer.seesaa.net/

**SR400のブログ**
https://ameblo.jp/myhistory1956/

**骨髄移植情報1**
http://bmt1.seesaa.net/

**スピリチュアルワールド**
http://spiritualworld.cocolog-nifty.com/blog/

■最終更新:2015年8月19日
■亡くなった推定時期:2015年8月15日
■死因:病気（肺がん関連）

ひとつは骨髄移植に関する情報をまとめた「骨髄移植情報1」、ひとつは2005年に経験した慢性骨髄性白血病と骨髄移植について綴った「スピリチュアルワールド」。3つとも長らく更新が止まっているが、現在進行形で手がけている表題のブログ「小細胞肺がん進展型肺がん患者の余命日記」（以下、余命日記）が何らかの理由で閉鎖された場合に備えて、読者に確実に安否を伝えるべく投稿したという。

進展型小細胞肺がんと慢性骨髄性白血病。SR400さんはこのほかにも2003年頃に心筋梗塞を患っている。後ろ2つの大病は完治、あるいは寛解しているが、度重なる生命の危機は彼に死に備える意識を強く植えつけた様子だ。2013年9月に末期の肺がんが見つかり、「無治療で余命数ヶ月、抗ガン剤治療をしても余命半年〜一年」と宣告されて間もなくに始めた余命日記は、端から辞世のためと割り切った姿勢が前面に出ている。

2013年9月25日の日記では税金対策や取引先への連絡、お墓の手配などの生前にやるべき内容が14項目も箇条書きされ、4日後には冗談ともつかぬつぶやきも残している。

「少し背中が痛むが、それ以外は以前と同じく元気だ。
というより以前より元気だ…。
まさか医者の誤診ということもあるまいが…
いまさら誤診といわれても困る。
大変困る。（略）

中途半端に予定をオーバーすると、顧客、取引先、各方面に理由を言って頭を下げてきた手前、合わせる顔がない。

ここはひとつ病院を信用するしかない。」

この調子で当初の余命を越えた2014年9月以降も更新は続き、淡々と日々の治療や食事、生活のことなどが綴られていく。しかし、2015年1月初旬に脳転移が見つかり、6月には延命治療の中止を主治医に願い出るに至る。冒頭の挨拶を4つのブログにアップしたのはこの頃だ。

それから徐々に意識混濁や記憶力の低下が進むが、日記の更新は死の5日前まで続けられた。最後から2番目、2015年8月9日の日記。

「どうも時空の狭間でトラウマしているようだ
時間が進むのが異常におそい
ちょうど奥さんと遭遇したので談話ちゅう
かなりの抵抗なの悪戦苦闘中
なかなかすごい異次元抵抗だ
たぶんこれが異次元からの最後のメッセージになると思う
皆さん大変お世話に、なりました
来世の存在理由は残念ながら　わかりませんでした
それでは皆さん　お元気で　さようなら　失礼いたします」

# 唐突な辞世に真面目さと不器用さがにじむ情報収集と整理を愛するある男性の最期

２０１２年２月にスタートした、海外反応系のニュースブログ「クール！だね、ジャパン」。その書き手の身に何が起きて、２０１３年９月以降、なぜ更新が途絶えたのか。ブログのトップページにほぼすべての情報が載っている。

まずは左上の「お知らせ」。

「私、管理人は、８月８日に唯一人の弟を、脳の病気で亡くしましたが、九州での葬式から帰って来た翌日から私自身も体調を崩し、病院で検査

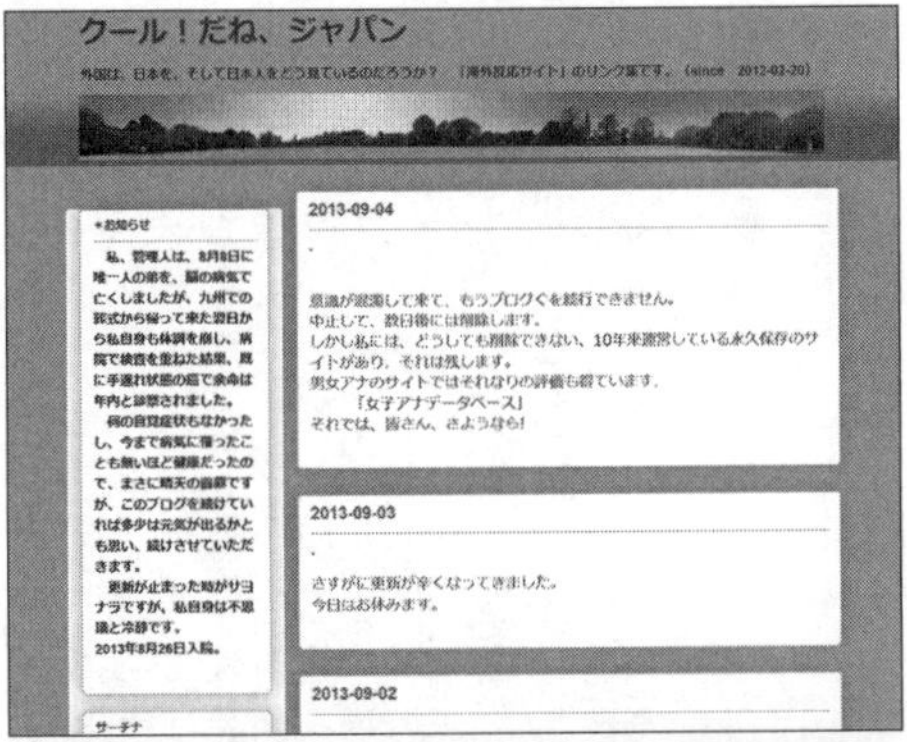
クール！だね、ジャパン
2013-09-04
意識が混濁して来て、もうブログを続行できません。

中止して、数日後には削除します。

しかし私には、どうしても削除できない、10年来運営している永久保存のサイトがあり、それは残します。

男女アナのサイトではそれなりの評価も得ています。

「女子アナデータベース」

それでは、皆さん、さようなら!

2013-09-03
さすがに更新が辛くなってきました。

今日はお休みます。

2013-09-02
＊お知らせ
2013年8月26日入院。

サーチナ

**クール!だね、ジャパン**
http://cojap.blogspot.jp/
**女子アナデータベース**
http://homepage3.nifty.com/kdw/ ※閉鎖
。
■最終更新:2013年9月4日
■亡くなった推定時期:2013年9月4日以降
■死因:病気(がん関連?)

を重ねた結果、既に手遅れ状態の癌で余命は年内と診察されました。

何の自覚症状もなかったし、今まで病気に罹ったことも無いほど健康だったので、まさに晴天の霹靂ですが、このブログを続けていれば多少は元気が出るかとも思い、続けさせていただきます。

更新が止まった時がサヨナラですが、私自身は不思議と冷静です。

2013年8月26日入院。」

そして、右のメインコンテンツ側を読むと、一週間後の9月2日までは通常更新を続けていたことが分かる。が、その後2日ですべてが止まる。9月4日の日記。

「意識が混濁して来て、もうブログぐを続行できません。

中止して、数日後には削除します。

しかし私には、どうしても削除できない、10年来運営している永久保存のサイトがあり、それは残します。

男女アナのサイトではそれなりの評価も得ています.

『女子アナデータベース』

それでは、皆さん、さようなら!」

このブログが宣言通りには削除されず、皮肉なことに「女子アナデータベース」は、2016年11月に無料ホームページサービスを提供していたニフティの事業整理によって消滅している。

サイトのアーカイブを調べると、管理人は関東で暮らす壮年男性の「小田和朗（こだわろう）」さん。2003年頃から趣味でテキストサイトの運営を始め、そのなかの一コンテンツとして女子アナデータベースを作るようになったようだ。

各局のアナウンサーの出身高校まで調べ上げた、緻密で膨大、かつ更新頻度の高いデータベースからは、途中で投げ出すことを良しとしない几帳面な性分が見てとれる。こちらのサイトにも自らのがんに触れた更新停止宣言をアップしているところに、同根の生真面目さを感じる。

つまるところ、「女子アナデータベース」は彼の趣味世界の集大成だったのだろう。一方の「クール！だね、ジャパン」は、がんが判明するまで書き手のプロフィールを一切載せておらず、毎日淡々とテーマに沿ったニュース記事を採り上げる機械的な作りに徹していた。記事の閲覧性を向上させる意識は希薄で、月日を指定して過去記事に飛べるカレンダーなどはなく、ページ最下部の「前の投稿」をクリックしないと記事がさかのぼれない仕様になっている。より多くの読者に読まれたいという思いよりも、ひたすら自分のルーチンとして続けていた感がある。

自分なりの筋を通すことが何より重要で、その後の結果はそこまで求めない。そのスタンスであるならば、残したいものが消え、消えていいものが残っている現状も、小和田さんにとっては許容の範囲にあるといえるのかもしれない。

# 第五章
# 自ら死に向かったサイト

自殺願望を綴って実行したと思われるサイト、
自死をほのめかして消息を絶ったサイト

# 圧倒的な量の独白を残して去っていった ピーターパン・シンドロームを自称する男性

2004年5月、当時27歳だった渡士正典さんは、1リットルの梅酒を飲んだ後に大阪市営地下鉄御堂筋線なんば駅のホームで飛び込み自殺を図った。その結果、右腕の肘から下、および左足の親指と人差し指以外を失い、病院で3ヶ月間のリハビリ生活を送ることになる。退院後に始めたブログが「むやみやたらにひとりごと」だ。

ブログでは、詩や小説、ほぼ毎日更新される日記などを

**むやみやたらにひとりごと**

http://blog.livedoor.jp/masanoritoshi/

■最終更新:2005年12月26日
■亡くなった推定時期:2005年12月26日?
■死因:自殺?

通して自分の外面と内面を徹底的にさらけ出していた。本名も顔も障害を負った四肢も、自殺願望も一切隠さずに、ひたすら独白し続ける。ページを読み進め、膨大なコンテンツを浴びていけば、自ずと渡士さんの人物像と背景が見えてくる。

1976年11月、利発的な母と浮気性で自己本位的な父の間に次男として生まれた。子供の頃から依頼心が強く内向的な性格で、自分へ愛情を注がない父を恨みながら育つ。小学校4年から始めたサッカーには学生時代まで一貫して打ち込めたが、周囲との軋轢などが原因で20歳の頃には神経症を患うようになる。大学時代は人間関係に疲れ、3年時に教育系の大学へ再入学したが、根本の性格は変わらなかった。

卒業後は中学校の非常勤講師を務めたが、生徒を制して円滑に授業を進めることができず、神経症を悪化させて夏休みに辞職する。このとき25歳。まもなくして舞い込んだ高校の非常勤講師の職もすぐに辞めてしまった。以降は実家住まいでフリーターと無職を繰り返すようになる。

将来は見えない。かといって職場で責任のある立場になってプレッシャーに晒されるのは避けたい。だから、無心のために恨む父とも顔をつきあわせて不毛な生活を27歳まで続けた。その頃には、ものの本を読んで、自分がピーターパン・シンドローム(大人になることを拒む人格障害の一種)であると強く信じて疑わないようになっていた。そんな霞がかった心情で決行されたのが、冒頭の飛び込み自殺だったという。

「少なくとも僕は、人生に悲観したわけでも、将来に絶望したわけでもなかった。ではなぜ、僕は自らの命に終止符を打つという愚行に出たのだろうか。」

自殺衝動の源は、渡士さんが後日振り返っても明言できないものだった。退院してブログを始めてからもそれは消えなかったようで、何度も自殺願望を口にしている。2005年8月には練炭を焚いて一酸化炭素中毒による自殺未遂も起こした。

そして2005年12月26日正午、「遺書に代えて。」というタイトルの日記がアップされる。

「この記事がオープンになっているということは…

3度目の正直で僕はもうこの世にはいないか、
2度あることは…で、また病院のベッドの上にいるかでしょう。」

自殺を決行した際に自動投稿されるように設定してあったようだ。

これに対して、最初に付けられたコメントは「またか…」と呆れ気味なものだった。

その後、渡士さんからの返信や更新が一切ないことから、自殺が真実味を帯びるようになり、同情や哀悼の長文書き込みがみられるようになる。数年経った頃にはスパム業者の荒らしコメントも混ざるようになったが、それも含めてコメント数は2024年6月現在も付けられており、累計で2400件を超えている。

# 2000年1月15日から16年間静止した「死にます。今までありがとう」

「ぼくは日本の片隅島根県のある漁村に生まれました。初めての男の子ということもあって、過大な期待を背負う運命をたどることになりました」

大学3年のトラさんは、自分が「境界例」（境界型人格障害）を抱えていると考えていた。進学する大学を巡る親戚とのいさかいをきっかけに心を病み、これまで2度の自殺未遂を起こしている。持病から、いつ自殺衝動に襲われ

境界例な日
Welcome to My HomePage!!
なぜ、真冬に花火！？
このページは境界例であるトラのホームページです

**境界例な日々**

http://page.freett.com/tomohiros/ ※閉鎖

■最終更新:2000年1月15日
■亡くなった推定時期:2000年1月15日以降
■死因:自殺?

るか分からない不安定な自分と闘いながら通学する毎日。その胸の内を解き放つようにホームページ「境界例な日々」を立ち上げたのは、1999年12月20日のことだった。

個人情報はしっかり隠した上で、自身の考えや持病のことを包み隠さずに語り、自動車教習所に通ったり、パソコンショップでバイトしたり、友人のノートを写させてもらって課題を提出したりといった日常のことも日記コーナーに毎日アップしていた。日記は開設一ヶ月前の11月22日から始まっている。

「11月22日

今日も教習所、こけた。痛い。でも、楽しかった。おいらは、『止まるとこける自転車』。何かやっているときは死ぬ気もどこかへ飛んでいく。やることが無くなると、また死にたくなる。東京にいるときも原因はそれだ。」

「12月22日

今日も相変わらずな1日を過ごしてしまった。昨日の夜中（4時）に突然友達が押しかけてきて、パソコンをいじられるわで、大変でした。だって、HPとか、ばれると病気の事ばれちゃいますからね。なんとか、気をMP3の方に向かせる事に成功して、乗りきりました。」

現実社会の体裁と隔絶したすべてをさらけ出す空間は、トラさんにとって欠かせないものになっていたようだ。しかし、その活動は1カ月足らずで突然終わる。最後の日記にはこう記されている。

「1月14日　突然の病状悪化

死にたくなってきました。もしかしたら、これが遺書になるかもしれません。生きていることが辛いです。死にたい。消えたい。消え去ってしまいたい。これを書き終わったら、コンビニで紐（ひも）を買ってこようと思います。今度は失敗しません。確実に死ぬ。支えてくれようとした人達に申し訳ないけど、もう、どうしようもありません。『死ぬ』、最後の選択肢を選ぼうとしています。今まで、ホームページを見てくれた人達、ありがと。かかり付けの先生、ごめんなさい。

家族へ‥ダメな人間でごめんなさい。死ぬという選択肢しか選べなった不幸をお許しください。最初から、いなかったものと、あきらめてください。でも、もう、駄目です。」

ホームページの最終更新は、その翌日の2000年1月15日18時25分43秒。おそらくは、その際にトップページに次の文章を書き加えたと思われる。

「死にます。今までありがとう」

それから「境界例な日々」は16年以上もほとんど変化なくネットに存在し続けた。2016年3月31日に突然消失したのは、利用していた無料ホームページサービスが事業を撤退したためだ。管理者が不在のサイトは、残るのも消えるのも運次第となる。

# 「死ぬまで後228日」ブログを自殺装置に利用した「無への道程」

2009年8月、30代の男性・zar2012さんがFXの損益リポートのために始めたブログは、東日本大震災直後の大損失を受けてタイトルが「無への道程」と切り替わった。それは、職を転々とする辛い生活からFXの稼ぎで抜け出すという夢が彼のなかで完全に砕けたことを意味していた。手元に残ったのは189万円。これを使い切ったとき自殺するという。

以降の記事は、コメント欄

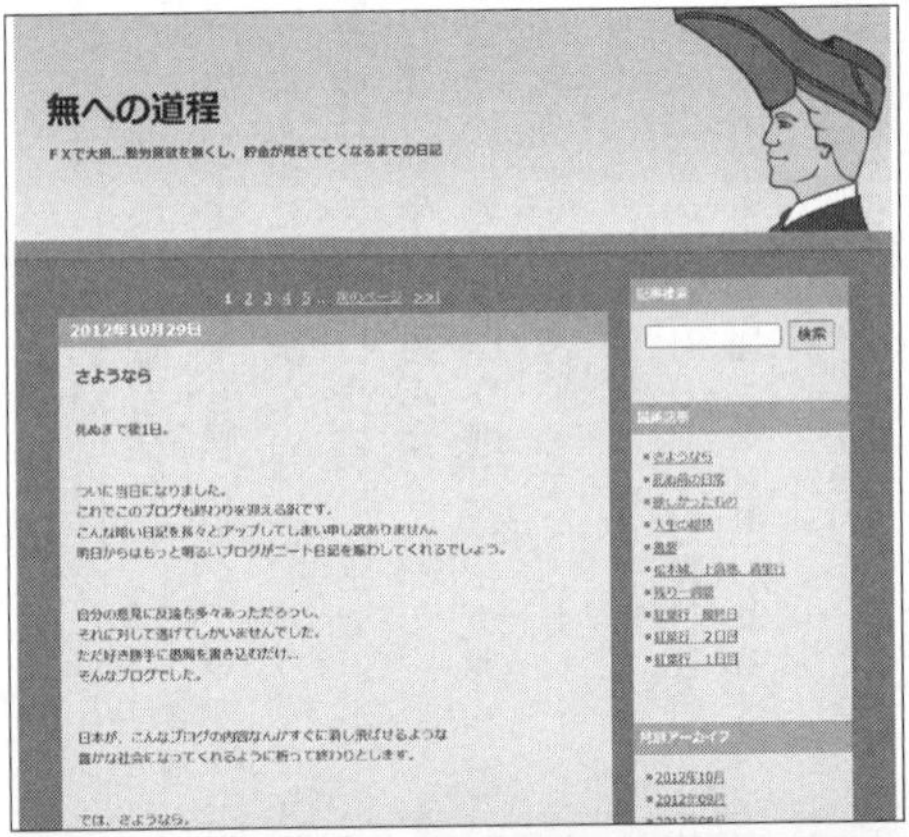
無への道程
FXで大損…勤労意欲を無くし、貯金が尽きて亡くなるまでの日記
2012年10月29日
さようなら
死ぬまで後1日。
ついに当日になりました。
これでこのブログも終わりを迎える訳です。
こんな暗い日記を長々とアップしてしまい申し訳ありません。
明日からはもっと明るいブログがニート日記を賑わしてくれるでしょう。
自分の意見に反論も多々あっただろうし、
それに対して逃げてしかいませんでした。
ただ好き勝手に愚痴を書き込むだけ…
そんなブログでした。
日本が、こんなブログの内容なんかすぐに消し飛ばせるような
豊かな社会になってくれるように祈って終わりとします。
では、さようなら。
検索
さようなら

**無への道程**

http://blog.livedoor.jp/zar2012/

■最終更新:2012年10月29日

■亡くなった推定時期:2012年10月29日以降

■死因:自殺?

を削除したうえで一方通行の独白を綴るようになる。社会への不満や半生を振り返った自虐、自身の死生観の考察、ときに一人旅の紀行文などを織り交ぜ、不定期ながら2日に1回以上のペースを維持して書き続けた。さらに、2012年3月14日には、予定を先延ばししそうな自分を縛り付けるように、ルールを付け加えた。

「すこぶるどうでもいいと思うかもしれませんが、死ぬまでのカウントダウンをこのブログで毎回書き込んでみる事にしました。

確定の日にちではありませんが、とりあえず2012年10月29日に死ぬ事にします。まぁ、とりあえずとは言っても、微調整はあれどそれ程大きくくずれることはたぶん無いと思います。」

以降の日記の冒頭にはカウントダウン、月末にはそれに加えて残りの貯金額が書かれるようになる。

「2012年3月16日　死ぬまで後228日」

「2012年7月30日　死ぬまで後92日

家賃を支払い、残りの貯蓄額は40万円です。」

「2012年9月30日　死ぬまで後32日。

家賃を支払い、残りの貯金は12万円です。」

日数と貯金額は歩調を合わせて予定通りに減っていった。2012年10月28日には、1800円のサーロインステーキを食べ、本を購入したり借りたりして、残金が

6000円程度となった。そして翌日、最後の日記がアップされた。

「タイトル：さようなら

死ぬまで後1日。

ついに当日になりました。

これでこのブログも終わりを迎える訳です。(略)

日本が、こんなブログの内容なんかすぐに消し飛ばせるような

豊かな社会になってくれるように祈って終わりとします。

では、さようなら。」

自殺願望や希死念慮を表に出すブログは探せば少なからず見つかるが、ここまで読者との関係を割り切っているものは珍しい。zar2012さんは、ブログを書き続け、自殺予定日をカウントダウンすることで、読者の目を監視装置として使う一方で、読者からの声が耳に入らないようにコメント欄を削除していた。住まいや実名などを特定されて、自殺阻止の手が伸びてこないように、個人情報につながる決定的な証拠も残していない。「お金が尽きたら死ぬ」という当初の決意を守り切るために、ブログと読者を最大限に利用し、邪魔になる要素は徹底的にそぎ落としている。残された痕跡からはそんな意図が読み取れる。

現在も自殺を裏付けるものは見つかっていないが、自分の行動を縛る道具してブログを利用したのは間違いないように思う。

# 歯科技工士の職場に望みをつないで折れて死を決意する30代前半男性の孤独な告白

2011年12月、関西の実家で暮らす31歳の男性・bukimiotoko（ブキミオトコ）さんはブログ「気味が悪い、君」を始めた。閉塞感とストレスしかない生活、将来に希望が見いだせない自分をはき出すために始めたことは、開始から数日分の日記を読めば伝わる。

銀歯などを作る歯科技工士の専門学校に通いながら、研修先の会社で下積みを続ける日々。上司からの当たりが厳

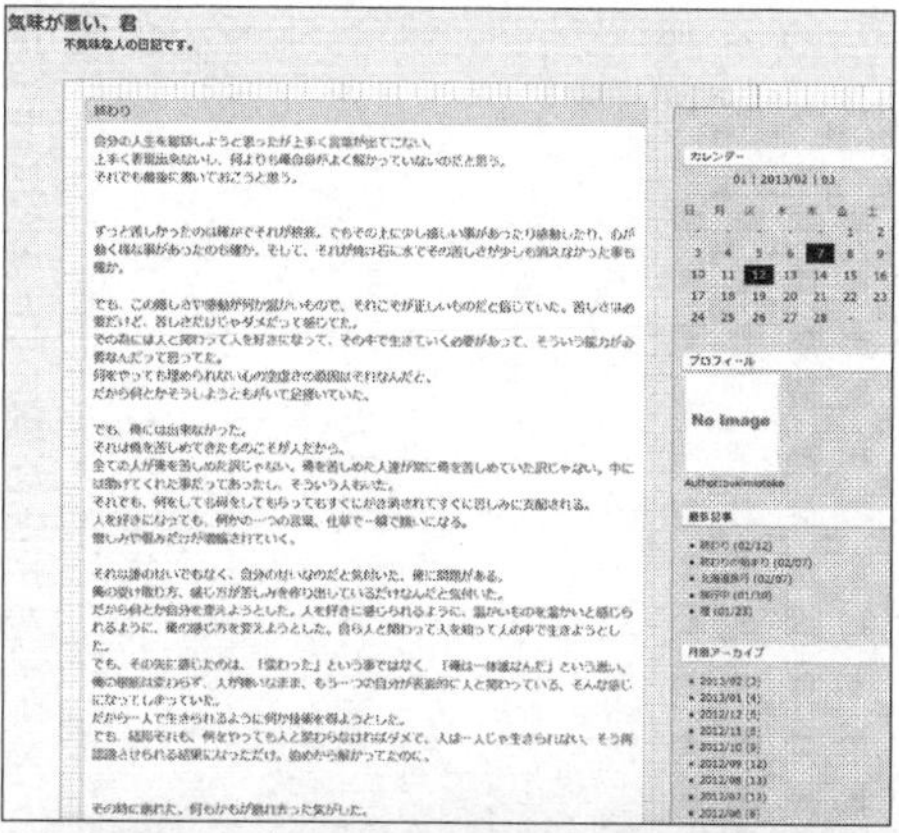


**気味が悪い、君**

http://bukimmiotoko.blog.fc2.com/

■最終更新:2013年2月12日
■亡くなった推定時期:2013年2月12日以降
■死因:自殺?

しく憤懣が鬱積していくが、資格の取得を第一の目標にとにかく耐えてきた。20代はバイトを転々とし、2つの会社で営業職として社員登用されたがいずれもストレスで辞め、歯科技工士の研修会社も辞職を繰り返して、ここが4社目になる。このままではダメだと自覚している。ブログ開設から間もなく、12月19日の日記。

「あと4年で俺は35歳になる。

今の仕事に転職する時に、『この仕事でも、どうにもならない、生きていけない』と思うのなら終わりにしようと決めた。

その区切りが35歳であと4年。

だからこの年は全力で仕事をしようと思う。

もう全身全霊で打ち込もうと思う。

残っているエネルギーを全て使ってしまえ、俺。」

研修先は翌年の2月に辞めたが、試験には合格して3月には晴れて歯科技工士となった。5月に入って実家から少し距離のある企業に就職が決まり、一人暮らしを始めるようになる。元々家族仲はあまり良くなかったので、一人暮らしはすぐに馴染んだ。職場の雰囲気も良好で、この頃の日記からは、腕を磨くために休日も歯科技工の練習に励むなど、前向きに生きている様子が伝わってくる。

２０１２年7月21日の日記。

「入社して2ヶ月。早すぎる。

最近は大分チェックも減り、ある程度の仕事を1人で進める様になってきた。あと、ひたすら早さを求められる様になってきた。遅いらしい。なめやがって。ある程度形は見えてきたので、そろそろ本気で早さを上げていこうと思う。今月はスピード重視。今8〜12個。」

銀歯などを日に20個作らないと一人前扱いされない。そうなるために夢中で仕事した。職場は「人に関しては良い人が多い。良い人過ぎる人が多い。」という願ってもない環境。薄給と感じようと一旦は気にせず、腕を上げることに集中した。

が、夏が終わる頃から心はじわじわと折れていった。再び自殺をほのめかす日記が現れるようになる。9月9日の日記。

「30年とちょっと。

いつからだろうか。物心ついた時からずっとずっと考え続けてきてもう自分の中で答えは出ている。

99%出ている。

残りの1%が埋まるのを待っているのかもしれない。」

そこから、彼に残っていた前向きな心が霧散するのは早かった。求められるノルマがこなせず、徐々にプレッシャーが強まるなかで、「やっぱり人。人が無理。」という結論に至り、11月には辞表を出し、苦労して掴んだ職を手放してしまった。

〝残りの1％〟が埋まり、「35歳までは」という箍も外れた。12月12日の日記。

「寿命があと数ヶ月だとしたら何する？

昔誰かと話した事。

その時は何て答えただろうか。『いつもと変わらんと思う』って言ってた気がする。」

２０１３年の年明け。かねての希望だった北海道旅行に出かけた後、2月12日に最後の日記「終わり」をアップした。

「俺の弱さ。それがこの結末の原因。

強くなって、戦って、騙し合って、潰し合って、殺し合って、奪い合う。そんな生き方だったらもう生きなくていいって諦めた。

それが俺の弱さ。

だから、今は『もういっか』という気持ちだ。

俺の人生は今日で終わる。

やっと終わる。

疲れた。

もう、楽になりたい。」

以後、一切の動きはない。

# 6年前に夫婦で始めたペットブログ 夫の死の1週間後、妻も後を追った

「3月10日、最愛の夫・HALパパが急逝致しました。昨日、通夜を済ませ、本日、葬儀・告別式・火葬を済ませました。心の整理がつくまで、しばらく、ブログをお休みさせて頂きます。申し訳ございません。By：HALママ」

2005年2月から夫婦で更新してきたペットと趣味のブログ「HAL小屋Diary」は、2011年3月13日に投稿された唐突な訃報によって更新が途絶えることに

**HAL小屋 Diary**

http://blogs.yahoo.co.jp/hal_koya19980520 ※閉鎖

■最終更新:2011年3月13日
■亡くなった推定時期:2011年3月10日、2011年3月17日
■死因:自殺?

なった。コメント欄を読むと、残されたHALママさんもこの日記の4日後に後を追ったことが分かる。

HALママさんとHALパパさんは2004年に結婚。HALパパさんの趣味のカーレーシングにHALママさんも感化され、二人でたびたびサーキットに出かけるなど仲の良い夫婦だった。猫の世話もまめにこなしており、コメント欄から猫好きの読者との交流を深めていった様子が伝わる。

主にブログを更新するのはHALママさんで、HALパパさんはたまに筆を執る程度。しかし、二人とも基本的に明るい内容の日記が多く、自殺願望をほのめかすような内容は長年の更新で一切なかった。HALパパさんにいたっては、最終的な死に至った要因すら拾えない。

ただ、うっすらとながら精神的に追い詰められている様子はいくらか残していた。2008年末の1年を振り返るHALママさんの日記では、「まさか、自分が原因不明の病に侵されるとは思ってもいませんでした」と書いており、病が原因で退職し、回復した後に別の会社に再就職したことを報告している。病名は明かしていないが、それが数年来の持病となったらしい。2010年末の日記では「繰り返した転職」「持病の悪化と闘病」と1年を振り返っている。さらに、こうも書いている。

「最悪だった状況を乗り越えつつある私達は、きっと、どんな困難も乗り越えられる、この先に待ち構えている困難を乗り越えるためのチカラを蓄えるための1年だったたに違いない、そう思っています。試される時なんだな、と、思っています。」

少なくともHALママさんは、翌年2月に明るいいつも通りの日記をアップしており、年末からの前向きさを春先まで保っていたようだった。しかし、その姿勢は伴侶の死を前に折れてしまったのかもしれない。

最後の日記のコメント欄やブログ仲間の追悼文を読んでいくと、夫婦ともに長らく精神の病に苦しんでおり、同時に希死念慮を抱えていたらしいことも知れる。周囲には優しく明るく振る舞うが、その一方で悩みを打ち明けずに一人で抱え込む性格だったのも共通点だった。似たところが多分にあったからこそ強く結びつき、だからこそ、片方が倒れたときに脆かったのかもしれない。

HALパパさんが亡くなった後、HALママさんの性格を知る近しい人々が彼女を必死にケアした痕跡が残っている。しかし、努力もむなしく、危惧されていたであろう最悪の結果を防ぐことはできなかった。いや、最悪は免れたかもしれない。周囲が見守っていたおかげで、HALママさんの死後も愛猫たちが路頭に迷うことはなかった。最終的に4匹になった猫のうち、うち2匹は夫婦をよく知るブリーダーに、残り2匹がHALママさんの両親に引き取られたそうだ。

2019年12月15日、「HAL小屋Diary」は、利用していたブログサービス「Yahoo!ブログ」の事業終了とともにネット上から姿を消している。

# 希死念慮と理性の相克を最期まで残した女性編集者・二階堂奥歯さん

「二階堂奥歯は、2003年4月26日、まだ朝が来る前に、自分の意志に基づき飛び降り自殺しました。このお知らせも私二階堂奥歯が書いています。これまでご覧くださってありがとうございました。」

「八本脚の蝶」は二階堂さんの存命中から名の知られたサイトだった。本人が訃報を書いて自殺したレアケースという側面もあるが、綴られた文章に惹きつけられた読者が多い。独特の感性と膨大な知識

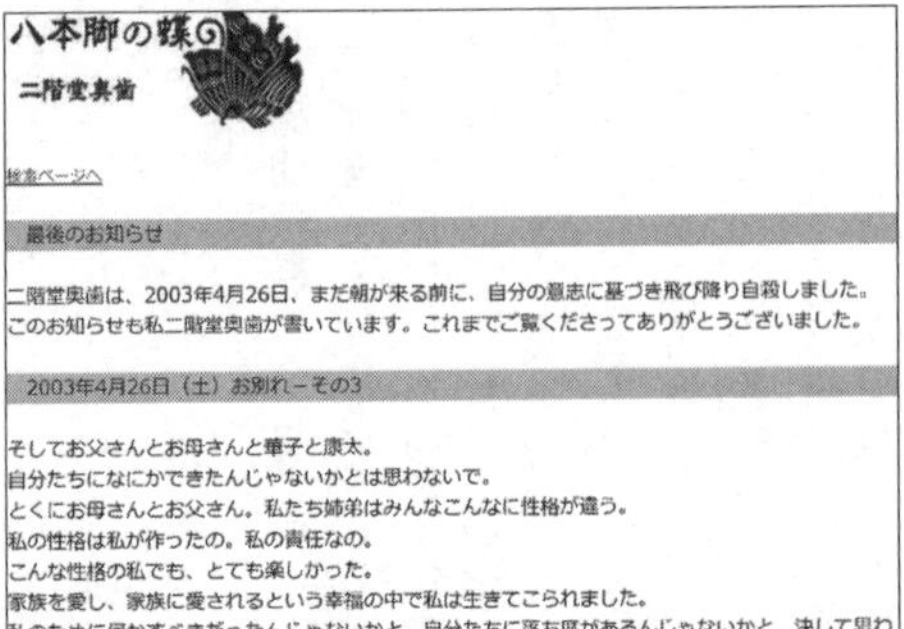

八本脚の蝶

二階堂奥歯

最後のお知らせ

二階堂奥歯は、2003年4月26日、まだ朝が来る前に、自分の意志に基づき飛び降り自殺しました。

このお知らせも私二階堂奥歯が書いています。これまでご覧くださってありがとうございました。


2003年4月26日（土）お別れ－その3

そしてお父さんとお母さんと華子と康太。

自分たちになにかできたんじゃないかとは思わないで。

とくにお母さんとお父さん。私たち姉弟はみんなこんなに性格が違う。

私の性格は私が作ったの。私の責任なの。

こんな性格の私でも、とても楽しかった。

家族を愛し、家族に愛されるという幸福の中で私は生きてこられました。

私のために何かすべきだったんじゃないかと、自分たちに落ち度があるんじゃないかと、決して思わないでください。

どうか、私のために、幸せになってください。お父さんとお母さんと華子と康太が幸せでいることが私の幸せなの。絶対に自分を責めないで、私のために、どうか、お願いだから、自分を責めないで。

しあわせになってください。


2003年4月26日（土）お別れ－その2

**八本脚の蝶**

http://oquba.world.coocan.jp/

http://homepage2.nifty.com/waterways/oquba/index.html ※閉鎖

■最終更新:2003年4月26日

■亡くなった推定時期:2003年4月26日

■死因:自殺

に裏打ちされた書評や、日常的に希死念慮を抱きながら現在の生と折り合いをつける理知的な内省など、日記時代の作品性の高さがその名を押し上げた要因のひとつになっている。加えて、書き手の二階堂奥歯さんが20代の女性編集者で、美容に深い意識を持ち、古今東西のサブカルチャーまで深い造詣があり、おそらくは美人だったことも無関係ではなかっただろう。

亡くなって3年近く経ってから、この日記を元にした同名の書籍が有志の協力のもとに発行され、利用していたホームページサービスの終了前に複製サイトが作られるなど、異例な道を辿っていったのもそうした特殊な引力があってこそと思われる。

例えば、2001年8月31日には、表現者としての考えを示すこんな記述を残している。

「私は強引に何かをされることは嫌いだが、何かをよろこぶように有無を言わさず変えられてしまうことがとても好きだ。前者は関係を変えずに行為をいびつに割り込ませるが、後者は行為が自然に生まれるように関係を変える。

文脈を作ることのできる者と、できない者。

私はいつも、誰かが作る物語の中で翻弄されるコマでありたいだけなのだった。

文脈を作る力を身に付けなくては。

読まれ手でも、読み手でもなく、語り手になること。」

2001年6月に始めた日記は、死や自ら命を絶つことへの興味を表に出しながらも、強力な理性がそれを制御して手のひらで遊ばせるような余裕すら感じられる。実際はずいぶん前から自殺未遂を繰り返していたようだが、少なくとも日記上では理性が優位だった。

その主従関係が崩れたのは2003年3月下旬だ。同月23日の日記。

「綺麗なものたくさん見られた。しあわせ。

そろそろこの世界をはなれよう。」

この頃から、近々に迫った自殺の意思をはっきり示すようになった。職場で浴びせられる叱責の辛さや、自殺用に吐き気止め薬をまとめ買いする記述など、それまでは避けてきた直接的な表現があふれるようになり、4月4日には自殺に失敗した直後の日記を残している。

「未明の経過報告。一時間ばかり四苦八苦しながら様々に工夫して首を吊っていましたがまったく意識はなくなりませんでした。(略)

もういや。朝。こないで。許して。許して。許して。朝が怖い朝が怖い朝が怖い朝が怖い朝が怖い朝が怖い。」

箍が外れた後も、生き続ける方向を見据えてみたり、近しい人に助けを求めたり、今迫っている恐怖をむき出しで綴ったりと、様々な感情の揺り戻しがあった様子だ。

そして4月26日、節頭のスクリーンショットの「最後のお知らせ」にあるように、家族や恩人などに別れの挨拶と配慮を残してすべてを締めた。

# 漫画家への道が見えず、家には病気の母 貧困の末に母子心中した22歳の男性

漫画家を目指す22歳の男性・氏（ウジ）ムシメさんは、年が明けて日の経っていない2011年1月4日、多摩川河川敷で母親を連れて硫化水素により母子心中した。報道によると、110番通報は早朝ジョギングをしていた男性からで、時間は7時45分。その約6時間前、ムシメさんは多摩川を眺めながら、上の日記をブログに投稿していた。対岸を撮った写真に「街の灯り見てると切ない」と一言添

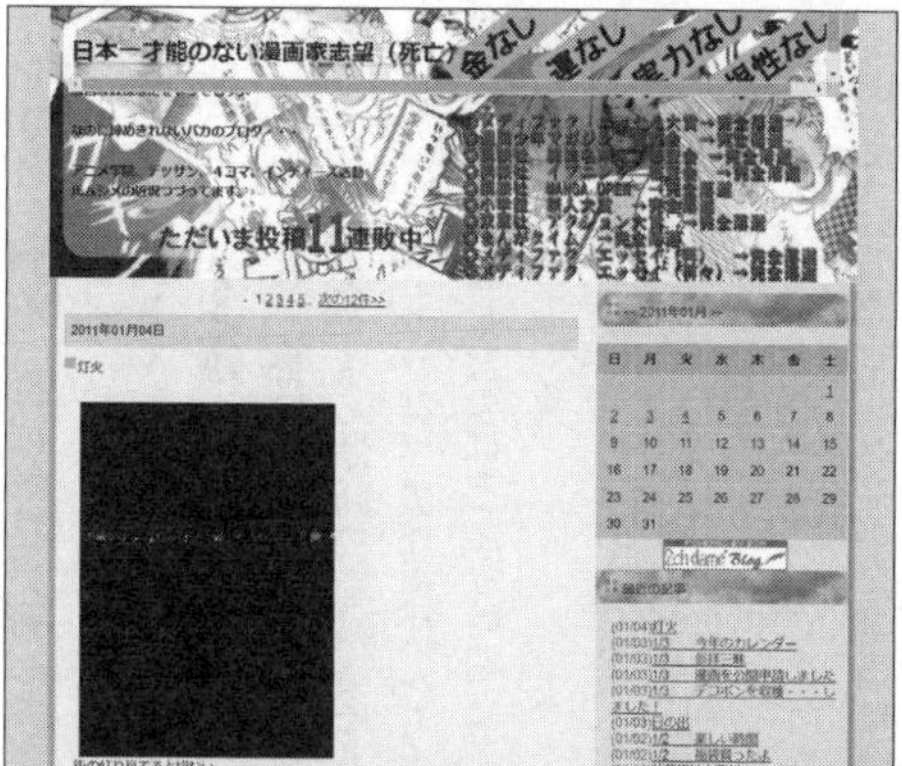


**日本一才能のない漫画家志望（死亡）**

http://neversaypoor.seesaa.net/

■最終更新:2011年1月4日
■亡くなった推定時期:2011年1月4日
■死因:自殺（心中）

えている。未成年だった2007年10月に始め、ほぼ毎日更新してきたブログはこうして幕を下ろした。

最初期のブログタイトルは「ワーキングプア☆ステーション」。働けど貧困から抜け出せない生い立ちを振り返る日記から始まる。父は勤務先が何度も倒産し、収入が安定せず、母は物心が付いた頃から精神を病んでおり、育児もままならない状態が長く続いていた。そんな一家を経済的に支えるべく、ムシメさんは高校を卒業する前からアルバイトに明け暮れる日々を送っていた。そんなワーキングプアな現状から抜け出そうと、いつしか漫画家を志すようになる。ブログを開設したのはそんな時期だ。

2007年12月にはこんな決意表明を残している。

「2011年12月31日　デビューできてなかったら自分の命日

もしこの4年で頑張ってダメだったんなら、絶壁飛び降りでも首吊りでも練炭でもなんでもやって、〝ケジメ〟を付けさせてもらいます。

家族の誰だって自分なんか早く死んでくれればいいと思ってるだろうし。いっつも書いているように、死んでも誰も困らない、悲しまれない。本当に底辺の人間やからさ……。」

これが後ろ向きにヤケになっての発言ではなく、背水の陣を張って本気で取り組む決意表明だったことは、その後の歩みで分かる。2008年にはマンガを練習する様子を配信するネット動画番組を立ち上げて継続し、マンガの専門学校にも授業料が何とか捻出できるコースを選んで通うようになった。アルバイトしながら作品作りも続け、同年7月にはマンガ賞への初の投稿も果たした。彼の腕前が着実に上がっていることは、配信動画に映りこむ作品や8月から頻繁にブログにアップされるようになった習作からも伝わってくる。その後も、受賞こそしなかったが、作品作りのペースは衰えなかった。

前向きな姿勢が一転したのは2010年11月後半だ。プロの漫画家の元でアシスタントを勤めるようになってから、深刻な調子でネガティブな言葉を残す日記が突然増えた。11月17日の日記。

「気がおかしくなりそう…

ただただひたすら原稿の毎日

こんなにしんどいとは思わなかった…

みんな平然としているし…」

自嘲する余裕のようなものはどんどん削がれていった。翌年1月3日には、近所の神社を参拝したり、購入したカレンダーを愛でたりする日記に混ぜて、マンガサイトに自身の作品の公開を申請した報告をアップしているが、そこにはこんな文言が添えられている。

「もしかしたら、これが本当に最後のマンガになってしまうかもしれません。」

心中した1月4日は仕事始めの日だった。

# 恨みを持つ仕事仲間の氏名を晒して飛び降りた男性のツイッター

北海道で暮らすasayamaさんは、ニコニコ動画にアップされる「歌ってみた」動画やボーカロイド動画をこよなく愛する30代の男性だ。自ら伝える職業は札幌市職員。2009年10月に始めたツイッターには、趣味の語らいやフォロワーとのやりとりとともに、胃潰瘍や鬱病で通院する様子や、主なストレス源となっている職場の上司や同僚への恨みつらみが残されている。「死にたいくらい殺したい。

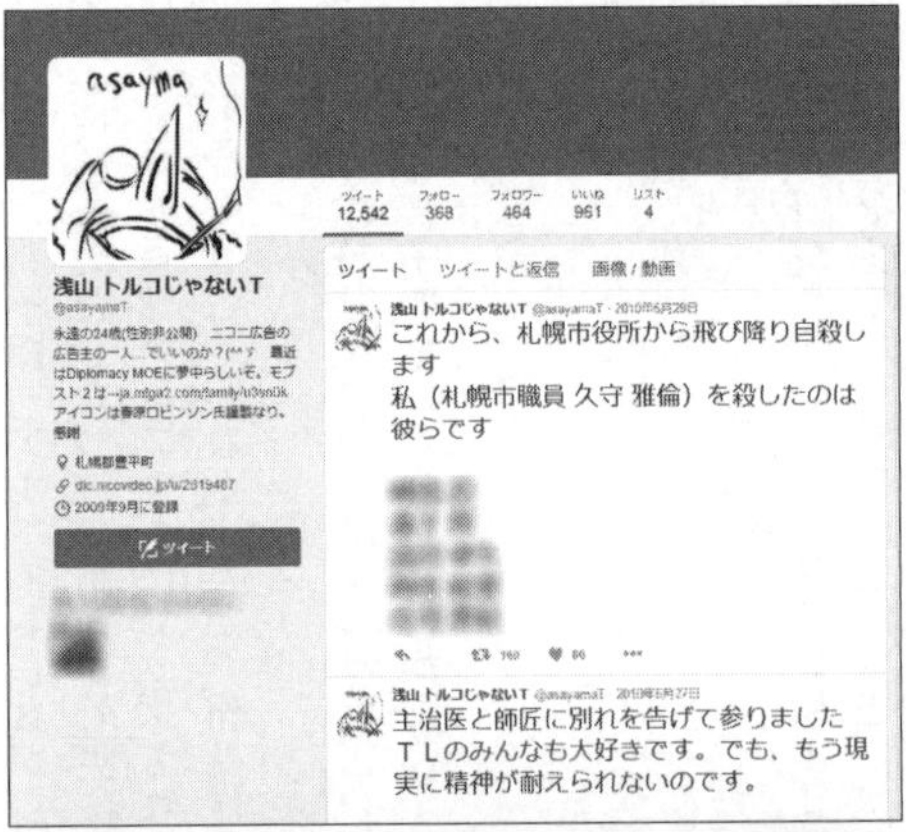


**浅山トルコじゃない@asayamaT（Twitter）**

https://twitter.com/asayamaT

■最終更新:2010年5月29日

■亡くなった推定時期:2010年5月27日～29日?

■死因:自殺?

殺したいくらい死にたい。そんなテンションで職場の宴会なう」(2009年11月13日)

「昨晩は久しぶりに胃がキリキリ病んだ。薬が効いていても、上司の挙動不審や課長の頭の悪い弁舌が加わると、ストレスを去なしきれんかったか orz」(2010年1月19日)

心の安らぎをネットでの交流に求めるが、精神の荒みと職場への恨みは、月日が進むたびにじわじわと深くなっていく。

「殺人が法的に罪であるコト以外に、アレをぶっ殺すのを我慢する理由がわからない実際にはやれんので、せめて呟きだけでも。死ね死ね死ね死ね死ね死ね死ね死ね死ね死ね死ね死ね……」(同年3月26日)

希死念慮の吐露は次第に冗談の色彩が薄れ、深刻なトーンになっていく。一段深くなったのは4月20日以降だ。

「マジで泣きたい。泣きすぎて死ねるなら死にたい」(4月26日)

「こんにちは。自殺予防チェックリストの過半に該当した浅山Tです(笑)」(4月28日)

そして、一旦落ち着いたように見えた5月27日、自殺宣言に至る。

「今日は職場のセクハラ相談に行って来ます。彼らが事態を改善する能力がないとわかった場合、Twitter・mixi・新聞各社に一斉にメールして死にます」

ここからはもう止まらない。

「精神科の主治医に自殺の意を伝えていないのは仁義を欠くので、死ぬにしても意志

を伝えてからにするよう諭されたので、主治医の病院に向かうなう」（5月27日）
「【急募】勘弁で苦しまない自殺方法」（5月27日）
「そして、自分は生贄として、生かさぬよう殺さぬよう弄ばれるのに、自分が許せないから生きたくないんだ」（5月27日）
最後に怨念の塊をみせた。自らの職業と本名、恨みを持つ同僚や上司の氏名とみられるリストをツイッターに投稿したのだ。記載された氏名を調べても該当の職員は見つけられなかったが、同音異字や近い響きの人物はいたため、見る人が見れば分かる程度にあえてボカして書いた可能性もある。
「これから、札幌市役所から飛び降り自殺します
私（札幌市職員 久守 雅倫）を殺したのは彼らです
XX X
XX X
XX XX
XX XX
XX XX」（5月27日）
念を押してか、同じ文面が2日後にも投稿されている。それから14年が過ぎたが、誰でも閲覧可能な状態のまま放置されている。

# クラシックも成人向けゲームも等しく愛する考えることが好きな「しのぶ」さんの安息地

「芸術はそれ自体で完結したひとつの世界であるべきだ、という主張はリルケのロダン論の中で詳しく述べられている。私は彫刻を見る訓練をまったくしていないので、ロダンの手になる像（もちろん実物を、である）を見ても残念ながら何も感じ取れないのだが、例えば内田光子の弾くモーツァルトのピアノ協奏曲を聴くと、リルケの言う〝芸術の完結性〟というものが多少はわかる、と思える。作品

……読んでくださってありがとうございます。
ありがとう。ありがとう。今までも、いつまでも。ありがとう。
……管理人
魔法の笛と銀のすず
ご案内
PHOTO
雑文

**魔法の笛と銀のすず**

http://sinobu71yukio.at-ninja.jp/

■最終更新:2004年2月22日
■亡くなった推定時期:2004年2月23日
■死因:自殺

は、ひとたび完成したら作者の手を離れなくてはいけない。人の手によって作られたのが見えてしまうと、作品は面白くない。注これはゲームの世界においても同じことが言える。ＯＮＥ（※筆者注…成人向けゲーム『ＯＮＥ～輝く季節へ～』のこと）にしてもＬｉｅｎ（※同じく成人向けゲーム『Ｌｉｅｎ～終わらない君の唄～』のこと）にしてもフォークソング（※同じく成人向けゲーム）にしても、良いゲームの登場人物たちは、皆、まるで自ら意志を持っているかのように考え、喋る。物理的には存在しない、人の手によって作られた架空の人物にすぎないのに、彼らの言動はそれをまったく感じさせない。作者の手を離れた〝生きた世界〟がそこにはあるからだ。良いゲームとそうでないものとのひとつの境界線はこのあたりにある。」

これはホームページ「魔法の笛と銀のすず」を開設して10ヶ月経った２０００年５月７日の日記の抜粋だ。管理人の男性・しのぶさんは、自らが愛するクラシック音楽や小説、漫画、一般ゲーム、成人向けゲームを、何の衒いもなく同列において、深く観賞し深く考察して批評していく。その隅々まで神経の行き届いた（本人曰く、繊細ではなく神経質な）独特の文章は熱心なファンを集めた。

ただ、彼にとってサイトに日記を書くことは、単に読者からの良い反応を期待するだけのものではなく、現実社会を生きていくうえで、精神のバランスを保つための欠かせない行為だったようだ。サイトを更新した4年半の間に、「たまにふらっと死にたいなーとか思ったりする」（２０００年11月８日）と淡い希死念慮を表に出すことが何度もあり、「昔に比べると私は未来に目を向けることが少なくなった、とふと気がついた」（2003年6月8日）と、将来について消極的な態度を示す日記も何度か見られる。

一方で、しのぶさんの実像はどれだけ読んでも部分的にしか見えてこない。自ら「会ったことのある人なら誰でも気づくであろうアレ。冗談でも口にはできないので言えない」（2003年11月）と語るコンプレックスもあってか、暮らしや仕事に関する描写はほとんどなされなかった。そして、自殺に至った明確な原因や心理の動きも霞がかったままだった。

最後の日記は2004年2月22日。

「一時間ぐらい海を眺めて、1000の夏の中で願いを叶えられなかったたくさんの観鈴たち（※神尾観鈴。成人向けゲームのキャラクター）に思いを馳せて。それから帰ってルパン122（※ゲームセンター）に寄って大往生（※シューティングゲーム）を15億で2周ALLして。XさんとXさんに磯前神社で買ったお守り（お土産）を渡して、それから三人で足利学校を参観して。帰宅してから水月を起動して雪さん（※「水月」は成人向けゲーム、雪さんはその登場人物）に慰められて泣いて。

そんな普通に幸せな一日。」

楽しく過ごした一日について素直に書かれたものだった。それまで鬱気味な日記の頻度が高まっていただけに様々な推測が成り立つが、明確な答えは意識的に残さなかったように思う。

後日、ホームページはしのぶさんの仲間たちに支えられ、遺族によって出版された。

そこには遺族の言葉がある。

「彼の理屈は星を取ってと泣く子どもと同じなのです。彼の望むものは蜃気楼のように浮かび上がっては消え、これ見よがしに現れては去っていく。幻を思い描くたびにさびしい思いが増幅され、その度に未来への希望も一緒に消えうせていったのかもしれません。」

亡くなったときは32歳だった。

# 心中を持ちかけた当人に逃げられて一人で逝ったある風俗嬢のブログ

「突然ですが、このブログを皆さんが目にする時には、私はこの世にはいないと思います。」

27歳の風俗嬢・花音さんは、思いを寄せる男性との心中を前に別れの日記を自身のブログに予約投稿した。掲載は遂行予定日の数日後となる2011年10月4日。

日記によると、男性に一週間後の心中を持ちかけられ、駆け足で死に支度したという。急いで覚悟を固め、愛犬

**元吉原♪クラブ夢 真性Mかのちんブログ**

http://ameblo.jp/haruhime-kanon/

■最終更新:2011年10月4日
■亡くなった推定時期:2011年10月2日
■死因:自殺(心中)

「王子」を知人に託し、家族に会いに行って今生の別れを果たし、彼と落ち合う心中の地に向かった。

「本当に自分が死ぬって思わなかった
ためらい傷はいっぱいあった
いつも死にたいと思っていた
でも、自分が納得がいく時ではない時に死ぬのは未練が残るものですね
健やかなる時もやめるときも愛し、助け、生涯変わらず彼を愛し続けると決めていました。
私は大切で大好きな人と一緒にこの世を去ります。
来世でまたみなさんと逢いたいです。
それまで、空の上から皆さんの幸せを祈っています。
私を愛してくれたすべての皆様ありがとうございました
さようなら」

日頃から希死念慮があったと認めているが、同年4月から始めたブログの過去記事を読む限り、この半年の間に自ら死に向かう心の動きは感じられない。吉原の所属店で精力的に活動していた5〜6月は大半が営業的な内容に終始しており、夏場に店舗を移ることになってからも、破滅願望や自殺願望をほのめかす内容は皆無だった。

たまに公開範囲を限定した日記をアップしていたが、それは一般公開するとブログ

の利用規約に違反するような、成人指定を受けるプレイ中の写真などを載せるためだと思われる。ＳＭクラブにＭ嬢として6年間在籍しているときも、そうしたプレイが好評でピーク時はよく指名を受けていたようだ。

つまりは営業用。ブログでプライベートについて触れるときでも、花音さんは常に客の目を意識しており、あくまで職業人として振る舞っている。それだけに、最後の日記の異質さは際立っている。何の前触れもなく、この日記では職業人であることを放棄して、自らの死について語っている。ただ、「自分が納得がいく時ではない時に死ぬのは未練が残るものですね」と正直に打ち明けているように、受動的に自殺することになった流れにはやはり最後まで戸惑いが残ったようだ。

この日記のコメント欄には、数日のうちに数件の書き込みがついた。特段多くはないが、すべて読むと彼女の死を裏付ける有力な手がかりがいくつも拾えるのが興味深い。それらを検索にかけると新聞社や出版社のサイトから個人ブログまで複数の情報源がヒットし、細部に矛盾のないストーリーが浮かび上がってくる。

心中を決行したのは10月2日。熱海にある別荘の一室で、練炭を用いて行われた。相手の男――新宿で経営しているホストクラブの資金繰りに苦労していた――による提案だったが、男は途中で苦しくなって部屋を逃げ出して一命を取り留めている。結果、花音さんだけが命を落とし、男は同意殺人未遂で逮捕されることになった。コメント欄に「内容が事実なら、彼女は死に損でしかない」と書いた人もいた。

# 自殺を決意しつつも逡巡し続ける「自死道」マンガで徹底的に表現した男性のブログ

自殺ブログには意を決した後に死にきれず、数ヶ月後復活する例がいくつかある。このブログもそうかもしれない。ただ、自殺に向かう心境があまりにリアルなため、採り上げることにした。

ikuzouさんは関西在住の32歳男性。大学を中退してから定職に就かず、九州に暮らす両親からの仕送りによって10年以上下宿生活を続けている。

自殺願望は年を追うごとに大きくなっていき、30歳に

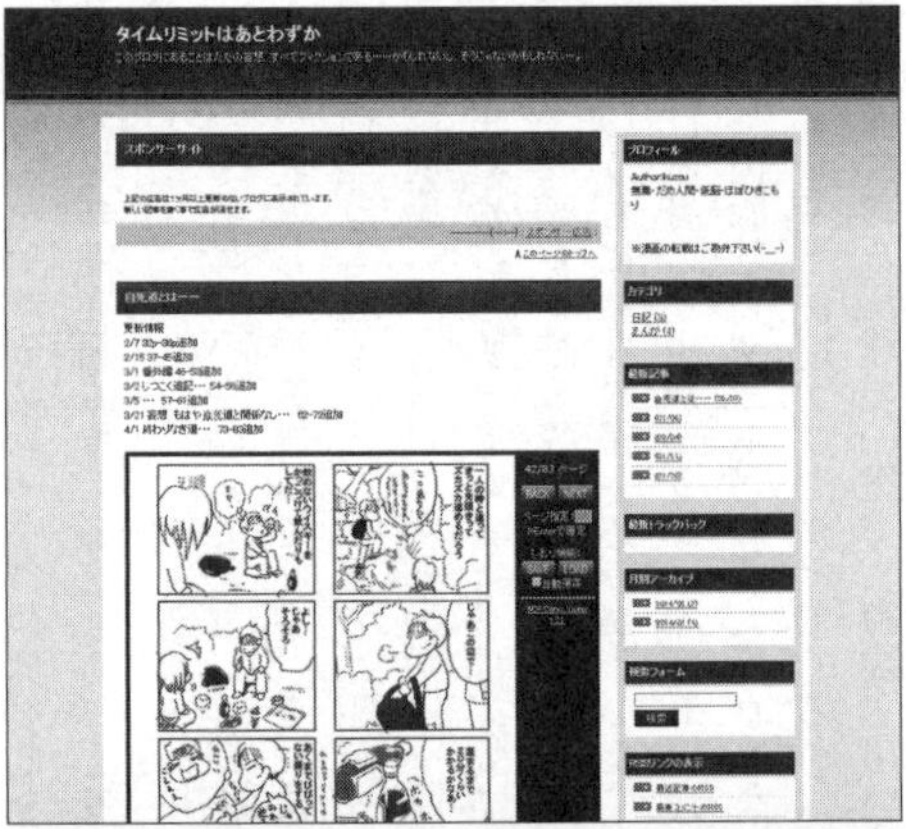


**タイムリミットはあとわずか**

http://shinuzou.blog.fc2.com/ ※閉鎖

■最終更新:2014年4月1日

■亡くなった推定時期:2014年4月1日~?

■死因:自殺?

なった頃には「いかに死ぬか」が人生のテーマになった。とはいえ、自殺の恐ろしさはいつまで経ってもぬぐえない。どうにか自殺に踏み切る決意が欲しい。そんな心境のなか、自らを追い立てる舞台装置に利用するため、あるいは、最後に残った表現欲と自己顕示欲を満たすため、彼は2014年1月にブログ「タイムリミットはあとわずか」を立ち上げ、そこで自らの「自死道」をマンガで表現するようになった。

「自死道」は1月中旬から4月1日までかけて描かれ、扉を含めて83ページで構成されている。最初のページで、現在に至る数年来の思索をまとめ、残りで番外編や追記を繰り返して、逡巡する思考を何度も見つめ直す構成だ。

「遺書も書き終え身辺整理も終えた

あと半歩踏み出せば死ねるところまで来たはずなのに

いつまでも………踏み出せない」

堂々巡りを繰り返しているが、その都度の細かな心理状況を掘り下げて、毎回異なる切り口で自殺の恐怖に挑もうとする。そのアプローチは多彩だ。

中盤では理想の方法として集団自殺、とくに女性と二人での自殺を挙げてシミュレーションしている。女性をエスコートする立場になれば、山に入るときや自殺に踏み切る際の恐怖心が抑えられ、最後までスムーズに事が運ぶのではと想像する。しかし、一方で、他人に自殺意図を知られることで阻止されたり、連れ立つ人が快楽殺人鬼だったりというリスクも思い浮かぶため、「万が一のことを考えるとやはり腰が引けてしまう」と、実行には移さない。

また、番外編では、大阪夏の陣で豊臣方に集まった浪人衆に思いを馳せ、

「勝つ見込みがほとんどないのに挑もうなんて
もう戦なのか自殺なのかわからなくなってくる」

と分析する。そこから、

「彼らの心境に近づけば　もしかすると長年俺を悩ましてきた死の恐怖
山の恐怖という問題を解決できるんじゃないだろうか…」

と思考を巡らせ、平時では克服できない恐怖心を非日常に身を置くことで乗り越えるアイデアを思いついている。が、やはり恐怖には勝てず、振り出しに戻っている。

同じことを繰り返しているが、秋には実家に戻ると両親に伝えており、暑い夏には死にたくないという思いもある。本人としては、春のうちに自殺を遂行することは譲れないという。そして再び決意を固め、3月には部屋の様子や硫化水素で自殺するための道具を写した写真まで載せた最後のマンガを大ゴマでまとめた。が、このときも決行には至らなかった。4月1日にアップした数ページは、抗えない生存本能の強さを自虐気味に描写している。最後のコマには「もし本当の本当に決意ができたら一コマだけでも描くつもりです…」と描いてある。

以降の更新はなく、2016年の夏には前触れなくブログが消失している。運営元の事業撤退ではなく、このブログのみの閉鎖だ。それは生の証明か死の証明か。

# 境界性パーソナリティ障害というアイデンティティに出合った女性の行く末

「・見捨てられ不安
・二者間での異常な執着
・不安定な自己像
・浪費
・セックス（とゆぅより男性）『超』依存
・自殺のそぶり、おどし
・自傷行為の繰り返し
・感情の不安定性
・激しい怒り、怒りの制御の困難」

これはブログ主のうららさんが2008年9月末に箇条書きした自身の症状だ。その

***うららかボダ日記***
http://ameblo.jp/hono-bono-k/

■最終更新:2009年9月28日
■亡くなった推定時期:2009年9月28日
■死因:自殺

後、摂食障害も追加されることになった。

うららさんがブログ「＊うららかボダ日記＊」を始めたのは2008年8月。32歳で境界性パーソナリティ障害（俗称・ボーダー）と診断された後のことだった。再婚相手との間に長女が生まれたのをきっかけに精神が不安定になり、首を吊ったり睡眠薬を過飲したりして何度か病院に運ばれるうち、主治医となった精神科医からその病名を告げられたという。すると「毎日ツラいのは自分のせいじゃなく、病気のせいなんだと言い聞かせ、少し楽になった様な気がした」。

抑えがたい自身の衝動と性格を裏付けてくれる存在を得たことで、己を見つめる気を起こさせたのかもしれない。主治医に課せられた日記はサボりがちだったが、ブログは12月の上旬まで、1日に複数回アップするほど旺盛に更新していった。

ところが、症状は治まるどころか悪化の一途を辿っていく。

うららさんは夫に執着するあまり頻繁に衝突し、「執着を緩和」するために別の男性と不倫して精神のバランスを保つ生活を長年続けていた。自殺未遂を繰り返してまともに育児できない彼女の代わりに義両親が生後間もない娘の面倒を見ている状況だった。昔から愛人や夫の仕事仲間、行きずりの若い男に偶然知り合った寺の住職などとの性行為にふける日常。他の男の影を隠しながらも、夫への不満が募り、自ら喧嘩の種を蒔く日常。コメント欄で批判されても、ときに罵声で返しながら、明け透けに語り続けた。

その生活は2009年の初夏に終わる。5月初旬に浮気が夫にバレ、関係の清算を済ませたのちに、過去何度も俎上に載せられた離婚がついに実現したためだ。娘も親権を持つ夫とともに去って行った。

うららさんは、不倫関係の清算中も隠し通した最後の浮気相手であるとしさんと暮らすようになる。

新生活に入ってから不倫はパタリと止んだが、自殺衝動はすぐにぶり返し、これまで以上に激しくなる。すでに切り傷で覆われた四肢に再びカミソリを入れ、自身の障害の元になったネグレクトな両親への呪詛を繰り返す。9月にはオーバードーズで2日間昏睡した後、入院先の閉鎖病棟で厳重管理されるまでになった。2009年9月27日の日記がうららさんによる最後の投稿となる。

「先日は寝るとき両腕縛らましたよー

昨日一昨日はお腹縛られ。。。

屈辱ですわ。

屋上から飛びたい。

でもここの屋上4階だし　笑

飛びたいなー」

その翌日、厳しい目をかいくぐって命を絶ったらしいことは、当日に9月28日にとしさんがアップした訃報で知れる。訃報は「これまでのうららのブログが、皆様のほんの少しでもお役に立てればて願っています。合掌」と締められていた。

# 1999年に自ら命を絶った南条あやさん なおも語られる「草分け」の足跡

1999年3月30日、高校を卒業した直後にオーバードーズで亡くなった南条あやさんは、自らの自殺願望や自殺未遂についてネット上でオープンに語る草分けとして知られている。自らサイトを立ち上げたわけではないが、この章の最後に採り上げたい。

南条さんは中学一年時にリストカットして以来、中高一貫校に通う6年間、自傷行為や自殺未遂を繰り返してきた。最初は自分を阻害するよ

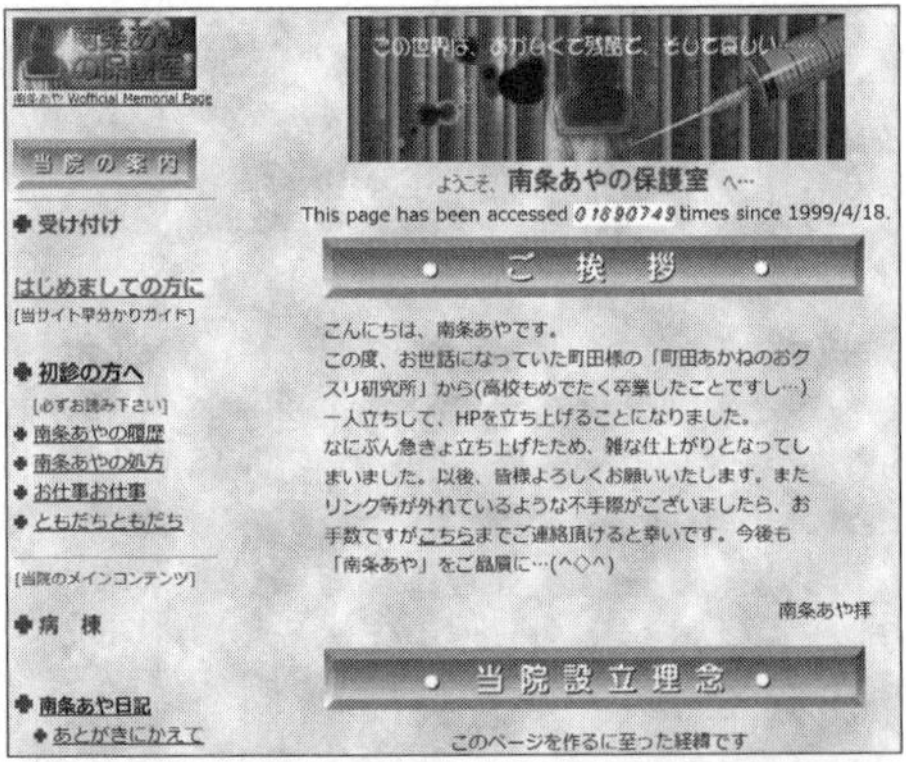

南条あや Wofficial Memorial Page
当院の案内
受け付け
はじめましての方に
[当サイト早分かりガイド]
初診の方へ
[必ずお読み下さい]
南条あやの履歴
南条あやの処方
お仕事お仕事
ともだちともだち
[当院のメインコンテンツ]
病　棟
南条あや日記
あとがきにかえて
ようこそ、南条あやの保護室へ…
This page has been accessed 01890749 times since 1999/4/18.
ご挨拶
こんにちは、南条あやです。
この度、お世話になっていた町田様の「町田あかねのおクスリ研究所」から(高校もめでたく卒業したことですし…)一人立ちして、HPを立ち上げることになりました。
なにぶん急きょ立ち上げたため、雑な仕上がりとなってしまいました。以後、皆様よろしくお願いいたします。またリンク等が外れているような不手際がございましたら、お手数ですがこちらまでご連絡頂けると幸いです。今後も「南条あや」をご贔屓に…(^◇^)
南条あや拝
当院設立理念
このページを作るに至った経緯です


**南条あやの保護室（保健室）**

http://nanjouaya.com/hogoshitsu/ ※閉鎖
http://www.nanjouaya.com/ ※閉鎖
http://www.nanjouaya.net/ ※閉鎖

■最終更新:2002年9月29日
■亡くなった時期:1999年3月30日
■死因:自殺

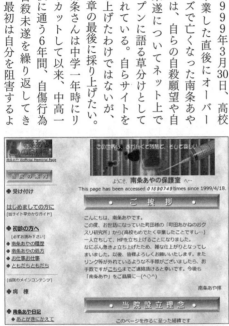

うになったクラスメイトたちに心配してもらうのが狙いだったが、まもなくして精神の安定を図るための汎用的な行為になっていく。高校三年の夏には精神科に入院するも、退院後も衝動は完全には治まらなかった。そして、高校卒業後の無所属な状態に不安が募り、何度目かの自殺を試み、そのまま亡くなった。東京都監察医務院による死因は「推定自殺」だったという。状況的には自殺に近いが、不慮の事故などの余地があって断定できない場合に使われる単語だ。

その半生が世に知られるきっかけとなったのは、薬事ライター・町田あかねさんのサイトで当時募集していた精神病や向精神薬に関する体験談だ。1998年5月、高校三年時に南条さんが応募し、採用されてたちまち注目の的となる。

「メールするの二回目の都内の女子高生、あやです。（略）

手首がジャンキーです。（笑）青あざです。

私としては精神病院に入院したいです。

楽しそうじゃないですか。なんか。

でも推薦取りたいから入院するとしたら夏休みですね。」

現役の高校生が自らの自殺衝動を明け透けに語る希少さだけでなく、ネットスラングを使ったフランクさと、ときに自らを突き放すような客観的な視点。読み物としても独特の面白さを備えていたのが背景にあったろう。彼女がサイトの枠を超えてネットアイドルとして注目されるまでに時間はかからなかった。

彼女の長文の投稿はその後も続き、精神科に入院中の出来事や卒業式の当日にテレビの密着取材を受けたことなどが明るい文調で世に広まっていった。卒業後はこれまでの投稿をまとめて、自らのサイトを立ち上げる計画だったが、その途上で命を落としたのは前述のとおりだ。

しかし、計画自体は同志や実父の協力で継続され、亡くなった半月後の1999年4月18日に公開される運びとなった。タイトルは南条さんが生前に決めていた「南条あやの保護室」。過去の投稿と死の前日に残した4編の詩などを収録したほか、運営しているメンバーのページや実父による追悼ページなど、多くのコーナーを用意していた。

その後も「南条あやの保健室」と名を変え、再び元に戻すなど、2003年7月までは動きがあり、掲示板コーナーも長らく機能していたが、次第に運営体制の維持が難しくなっていき、2010年3月末に閉鎖した。

それでも、いまでも「ネットアイドル」や「自殺サイト」の文脈では彼女の名前を見かけることがある。サイトの一部を抜粋したサイトはいくつもあるし、彼女のアウトプットをまとめて2000年8月に刊行した『卒業式まで死にません』（新潮社）の新しいレビューもしばしば目にする。

# 第六章
# 引き継がれたサイト 追悼のサイト

残された人々が長年引き継いで
管理しているもの、追悼のために構築したもの

# 21歳で急逝した息子のブログとメモ
# 没後の歩みが詰まった追悼サイト

２００９年3月、21歳の伊藤康祐さんは愛知県にある自宅の風呂場で急死した。彼は日ごろから国際弁護士を目指して法律と英語の勉強に励んでおり、その考察をブログにこまめに残していた。最後の更新は亡くなる2日前。東京と仙台を訪ねた旅行記の〝前編〟だった。

父親の俊彦さんがそのブログの存在を知ったのは、康祐さんが亡くなった直後のこと。最初に頭をよぎったのは

**Kousukeのページ**

http://www.ksl.co.jp/kousuke/

■更新中
■亡くなった推定時期:2009年3月29日
■死因:突然死

「更新が途絶えたままだと、やがて削除されてしまうのではないか」という不安だった。インターネットにはあまり詳しくなかったが、母親の順子さんとともに、できること、思いつくことは何でもやると心に決める。

ＩＴに詳しい知人の協力を仰いで、ブログを残す道筋を探りつつ、ブログの文章を手元に保存していった。ブログは２００８年10月から亡くなるまで更新していた「一法律学徒の英語と読書な日々」と、２００７年３月から２００８年10月まで続けていた「一法律学徒の手記」があり、すべてのテキストをパソコンにコピーしたうえで印刷。Ａ４用紙を留めるバインダーは15冊に及んだ。

そうして２カ月経った頃、２つのブログなどをまとめた追悼サイト「Ｋｏｕｓｕｋｅのページ」を立ち上げる。コンテンツのトップは「ミッションステートメント」。康祐さんのパソコンのデスクトップに残されたメモだ。

「私の使命は、知性と勇気によって世界をプラスの方向へと変革することである。人を憎まず、常に誠実たれ。」

これで康祐さんの考え方や生活の痕跡に誰でも手軽にアクセスできるようになった。しかし、ブログ自体の存続はまだ確証を持てない。

「それなら本にして、親しかった人たちに読んでもらおう」

かけあった三五館から書籍『個独のブログ―ある法律学徒の英語と読書な日々』が発行されたのは、一周忌を迎える１ヶ月前の２０１０年２月。近しい人々に献本するとともに、自らまとまった冊数を購入して全国の図書館へ寄贈していった。

さらに取り組みは拡大していく。同年6月には所属大学の協力のもと「名古屋大学伊藤康祐基金」を設立。発展途上国の法整備に関心を持っていた康祐さんの遺志の具現化も実現させた。

書籍化や基金の活動は多くのメディアで採り上げられ、その都度、記事のコピーやリンクがＫｏｕｓｕｋｅのページに加えられていく。インターネットを飛び越えた追悼の取り組みが、インターネットの拠点に新たな足跡を刻んでいく。この循環を15年以上続けてきた。おそらく二人が健在である限り続いていく。２つのブログも、運営元のはてながブログサービスを続けている限り当時のままで維持されていくだろう。

俊彦さんは、康祐さんのブログを読むと、何年経っても現在進行形の付き合いを感じるという。

「死者は何も語らないし、こちらが話しかけても何の返事もしてくれません。けれども、死者が残したテキストを読みながら、自分の心を占めている大事な問題について『お前だったらどう考えるのか』と問いかければ､死者もまた『お前はどう生きるのか』と沈黙のうちに反問してくる。そうしたやり取りを通して、そこにある種の対話が成り立つのではないかと思うのです。そして、そうした対話を通して、死者もまた、成長するのではないか。私はそんなふうに考えるようになりました」

亡くなった人の自己表現を残す普遍的な意義が示されているかもしれない。

# 四半世紀を越えても生き続ける モーグル選手・森徹さんの追悼ページ

　故人の霊を祖先と合祀する行為を弔い上げという。年を重ねるうちにその人を知る人が減り、個別に追憶されることがなくなる。その区切りともいえるイベントだ。かつては五十回忌（49回目の命日）や三十三回忌（32年目の命日）を機に弔い上げする例が多かったが、最近は十七回忌や十三回忌、さらに短い年数で合祀する例も増えている。

　一方、インターネット上に「墓標」として残された故人

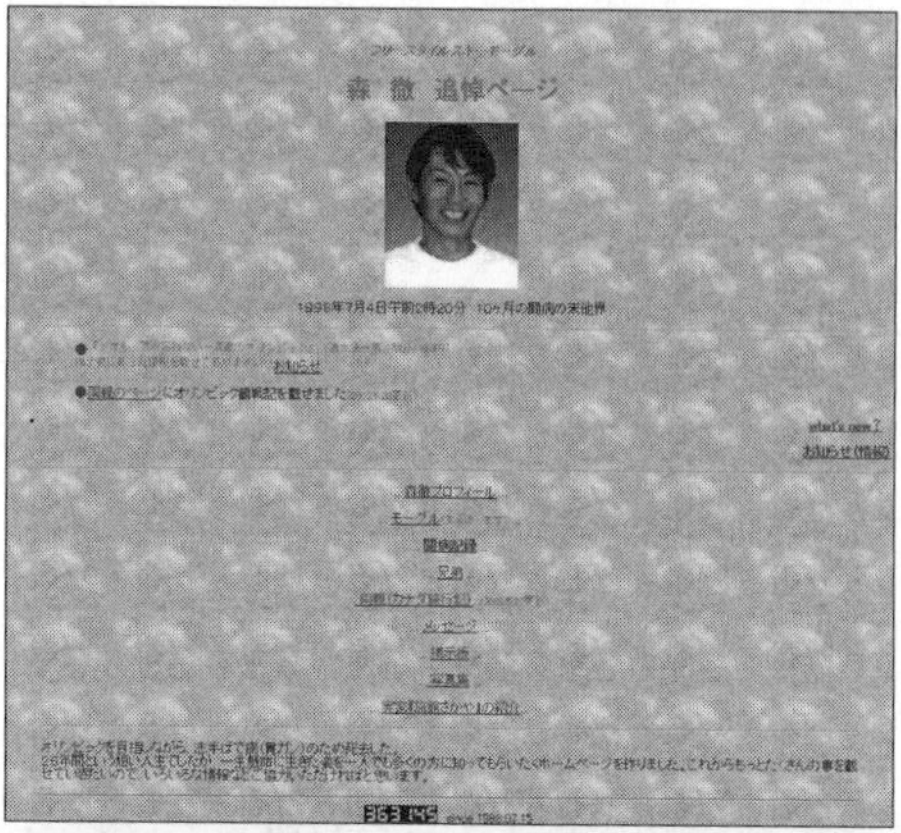


**森徹追悼ページ**

http://www.avis.ne.jp/~sakaya/index.html

■最終更新:2002年5月28日
■亡くなった時期:1998年7月4日
■死因:病気（胃がん関連）

のサイトの管理年数はもっと短いのが普通だ。遺族や近しい人物が訃報を載せて引き継いだあと、葬儀や納骨、一周忌などを区切りとして閉鎖するケースが多い。

そのなかで四半世紀を超えて〝お墓〟として機能し続けているサイトがある。フリースタイルスキーモーグル選手・森徹さんの追悼ページだ。

森さんは1998年の長野オリンピックにおけるモーグル日本代表候補と目されていた1997年9月6日、地元の病院でスキルス胃がんと告知を受ける。直ちに胃の4分の3を切除したが、すでにがんは腹膜に転移していた。主治医からは「今生きていることが奇跡なんですよ。私たちが知っている症例にも、医学のデータにも、森君の場合はすべての予測を超えてしまっている」と伝えられたという。

それでも4年後のソルトレイクでの復活を信じ、オリンピック開催中はモーグル決勝の場に駆けつけ、翌3月には全日本フリースタイル選手権大会に出場して完走するなど、驚異的な回復をみせた。しかし、4月にはがん性腸閉塞となり、病状は厳しくなった。主治医との衝突や転院を経て、5月に入ると死への現実を受け止めるようになり、7月4日に亡くなる。5日前に25歳になったばかりだった。

両親が彼を追悼するためのホームページを開設したのは、それから11日後のことだ。モーグル選手としての実績と闘病の記録、三人兄弟の末っ子としての森さんの横顔などをまとめており、トップページには簡潔にコンセプトを綴っている。

「オリンピックを目指しながら、志半ばで病（胃ガン）のため死去した。

25年間という短い人生でしたが、一生懸命に生きた姿を一人でも多くの方に知ってもらいたくホームページを作りました。これからもっとたくさんの事を載せていきたいので、いろいろな情報などご協力いただければと思います。」

短期間の間に、森さんの滑走動画や友人や仲間からの追悼メッセージなどが次々に追加されていった。開設から1ヶ月で誰でも書き込めるレンタル掲示板も設けられた。

掲示板コーナーは20年近く続いたものの、2024年時点ですでに消失している。ただし、多くのコンテンツは健在だ。

闘病記録やプロフィール欄には、森さん自身が残した手記や会話の記録がちりばめられている。森さん自身の発言の記録もある。

1998年5月10日夜、父と最後の会話は今も読める。余命幾ばくもない状況を受け入れた。それでもあと1年生きたかった。

「思い出をつくりたい。オリンピックまで…。オリンピックまでってやってきたから、何も、オレ、思い出をつくってないんだ。」

# 3年間の日記をコメントも含めて完全保存 闘病記をネット上に長く残すモデルケース

第三章でもいくつか採り上げたとおり、亡くなった後の闘病記を遺族の管理下で残す事例はままある。しかし、闘病記本文やコメントなどをコピーして、メモリアルページに移した例は滅多にない。仕上がれば美しいし強力な荒らし対策にもなるが、保管の場を土台から作るにはそれなりの知識が必要で、数年間のデータを移すには膨大な手間もかかる。「みづきの末期直腸がん（大腸がん）からの復

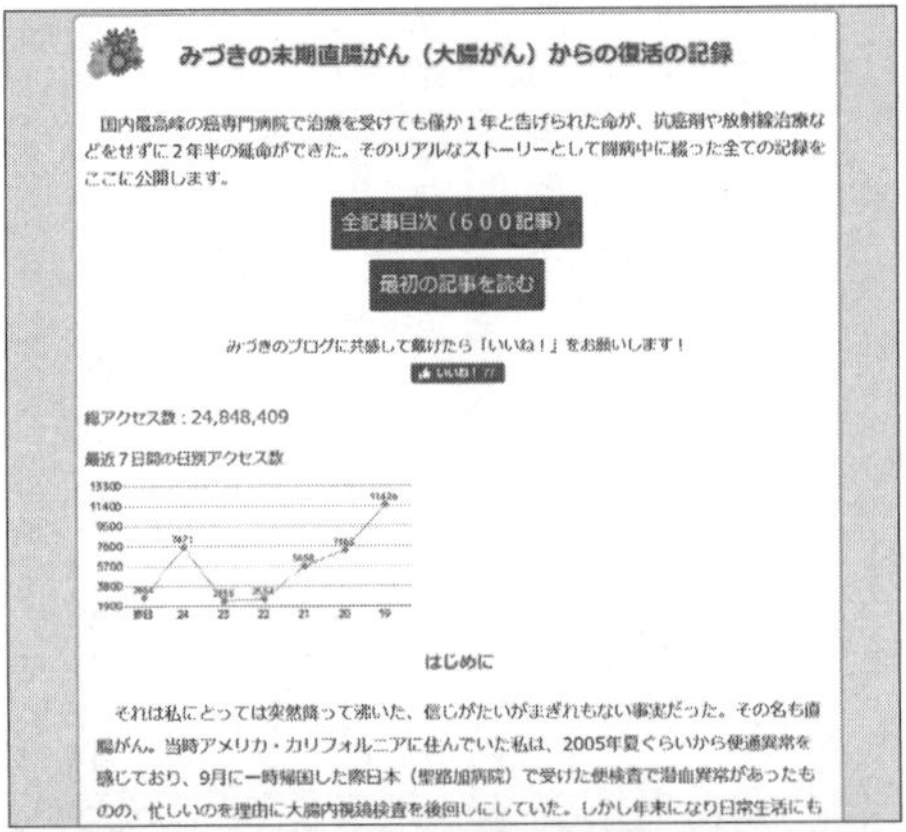

みづきの末期直腸がん（大腸がん）からの復活の記録
国内最高峰の癌専門病院で治療を受けても僅か１年と告げられた命が、抗癌剤や放射線治療などをせずに２年半の延命ができた。そのリアルなストーリーとして闘病中に綴った全ての記録をここに公開します。
全記事目次（６００記事）
最初の記事を読む
みづきのブログに共感して戴けたら「いいね！」をお願いします！
総アクセス数：24,848,409
最近７日間の日別アクセス数
はじめに
それは私にとっては突然降って湧いた、信じがたいがまぎれもない事実だった。その名も直腸がん。当時アメリカ・カリフォルニアに住んでいた私は、2005年夏ぐらいから便通異常を感じており、9月に一時帰国した際日本（聖路加病院）で受けた便検査で潜血異常があったものの、忙しいのを理由に大腸内視鏡検査を後回しにしていた。しかし年末になり日常生活にも


**みづきの末期直腸がん（大腸がん）からの復活の記録**

http://mizuki.us/

■最終更新:2008年8月30日 ※本編

■亡くなった時期:2008年8月23日

■死因:病気（直腸がん関連）

活の記録」は、この高いハードルをクリアしたレアケースといえる。

書き手のみづきさんは2005年7月に便通に異常を覚え、翌年1月に拠点としている米国で直腸がんとの診断を受けた。直ちに帰国して手術を受けるが、末期の状態で手の施しようがなく、余命1年と告げられる。そして夫・Kさんの協力の下、西洋医学に頼らない自然療法での回復を目指すようになり、その記録を綴るためにこのブログを始めた。タイトルに闘病記ではなく「復活の記録」と付けたところに、必ず回復するという夫婦の強い決意が覗く。

その決意は余命宣告の期限を大きく越えて生き続ける源になり、ブログは2年半後の2008年8月まで続いた。しかし、道のりは平坦ではなかった。2006年10月には人工肛門手術を受け、2007年10月には腸の動きの永久停止、つまり口からの食事から点滴での栄養補給への完全な切り替えを提案されるまでに状態が悪化。2008年6月には意識を失い危篤状態にも陥った。

みづきさんは自らタイピングできなくなってからも、Kさんや両親のサポートを受けて代筆で日記をアップするなどしていたが、2008年8月23日にとうとう力尽きる。38歳だった。

最後の日記は葬儀後の8月30日にKさんが書いたものだ。みづきさんとの最後のやりとりと2年半の闘病を振り返ったあと、「記事はこれで最後とさせて戴きますが、このブログの閉鎖はしませんのでご安心ください」と綴り、更新を終えている。

生前から数百万単位のアクセスを数える人気ブログだっただけに没後も大勢の読者が訪れた痕跡がみられるが、以後しばらくは表立った動きはなかった。スパムコメントなどで荒らされないように、最低限の管理に徹していたと思われる。

それから4年経った2012年8月、みづきさんのサイトは唐突にリニューアルしている。Ｆａｃｅｂｏｏｋのコメント機能を利用した「メモリアルページ」が作られ、追悼文が残せるようになった。その流れで、同年末にはブログのコメント機能をすべて停止している。

さらに2年以上過ぎ、２０１５年には元のブログのデータを完全にコピーし、Ｋさんが所有するドメイン内のページに移行を済ませた。初期はほぼ毎日更新、体調が悪化したあとも週に複数回更新することがざらだったこのブログの記事数はおよそ６００本。その多くに大勢の読者からのコメントとみづきさんの返信が付けられていたが、それも含めて移しきっている。

この変更によりトップページのレイアウトやリンクも調整されたが、メインコンテンツは当時のままで何も加えていない。ブログを読むとき、外部サービスにジャンプしなくなっただけだ。時代の移り変わりでブログサービスが停止しても、少なくともＫさんが健在でいる間は、みづきさんの闘病の記録が消えることはないだろう。

# 家族に秘密で始めた30代女性の闘病ブログ 夫は死の間際に存在を知った

「初めまして！
千里（ちさと）です。
乳がん治療中の主婦です。
2005年に温存手術して、その後再発を繰り返し、現在、ステージ4で闘病中！」

千里さんが闘病ブログ「千里&うさ子の乳がんスローライフ」を始めたのは2009年2月。抗ガン剤による副作用と足腰の骨への転移により、日常的に車椅子を使うようになった頃だった。

2006年夏に再発が見つ

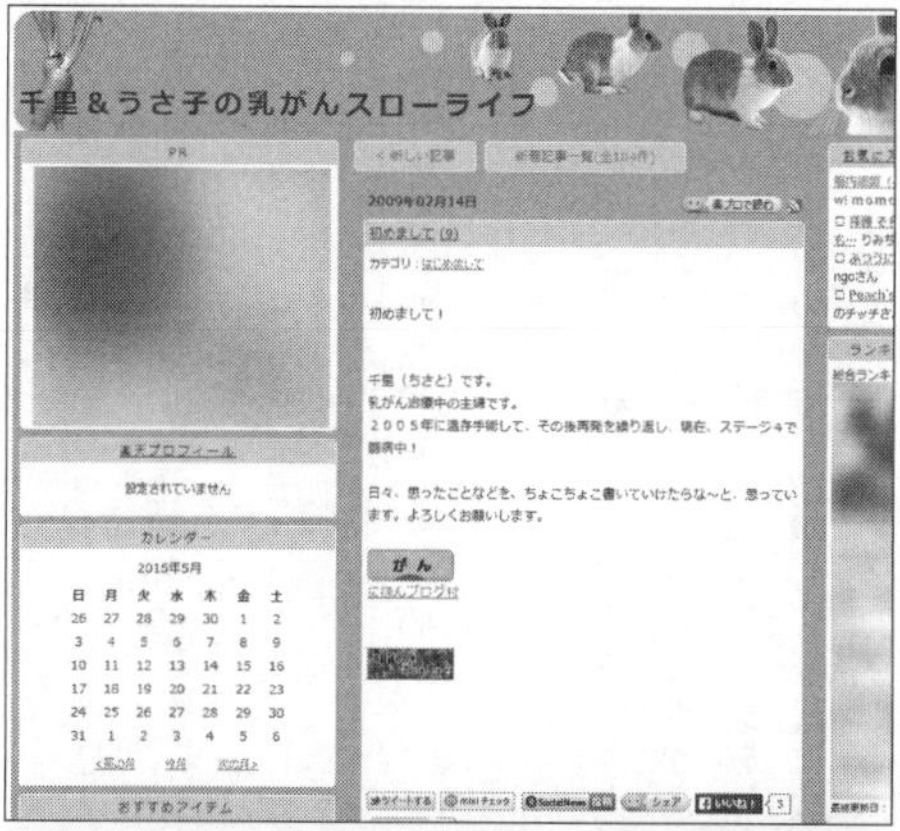


**千里&うさ子の乳がんスローライフ**
http://plaza.rakuten.co.jp/chisatousako/

■最終更新:2010年1月8日
■亡くなった時期:2009年12月5日
■死因:病気（乳がん関連）

かった時、医師から5年生存率は50％以下と告げられた。それでも諦めずに様々な療法を実践しており、ブログからも前向きな姿勢が伝わってくる。4月7日の日記。

「フコイダン、免疫療法、マクロビ、ウォーキング、音楽療法、野菜ジュース、旅行療法、岩盤浴、……いろいろ、やったなあ。

やっと、今日、新しい先生から、ゆるーい『化学療法』のスタートをゆるしてもらえました。

もう、ちょっと元気になれば、放射線もできるかもしれない

とにかく、奇跡が起きて欲しい、

必ず、起こすのじゃ〜」

この時点で緩和ケアを薦められていたが、根治を諦めず、苦痛を伴う化学療法にチャレンジすることを決めた。その後も気功院の門を叩くなど、可能性がありそうなものは積極的に試していった。治療の合間を縫って、沖縄に箱根にと家族旅行を楽しんだりもした。7月にはがんの骨転移による骨盤の骨折が判明し、9月には首回りにできたリンパの腫瘍による痛みに苦しめられるなど、病状は徐々に厳しさを増していったが、前を向き続けた。千里さん本人による投稿は2009年11月9日が最後となる。

「そして、何が悲しいって、リンパ浮腫が大復活祭

これは、シコリのネックレスの仕業だろう…号泣

リンパ浮腫って、まったく痛くない人もいるらしいけど、私は、はち切れそうにな

り、いったいタイプ
私の『人生のテーマ』は、『痛み』なのか？
と、思ってしまう
今日は、和のスイーツで、痛みを忘れよう…」
4年半の闘病の末、12月5日17時28分に息を引き取った。
千里さんはこのブログを闘病のパートナーである夫のジョンさんに隠していた。亡くなる2週間ほど前となる同年11月半ばに千里さんの口から存在を知られたジョンさんは、ひと通り読んでその理由を理解する。訃報の次にアップした2009年12月23日の日記にこう記している。

「それは彼女の闘病生活の中で、多くの辛い事や悔しい事があったと思うのですが、その気持ちを家族にぶつけることなく、どこか吐露する場が、正にこのブログだったんですね。」

全体的に前向きな日記のなかで、たまに落ちている暗い気持ちが突き刺さった。例えば、亡くなる4ヶ月近く前、骨盤と座骨の骨折を押して出かけた沖縄旅行の日記では、浜辺で遊ぶ2人の息子と夫を眺めるくだりでこうこぼしている。

「幸せ……。でも本当は、一緒に楽しみたい……」

千里さんの配慮を知ったジョンさんは、千里さんのブログを静かに見守りつつ、自身のブログを開設して以後の日記を綴るようになった。そういう引き継ぎ方もある。

# 死を覚悟して闘病した息子のブログを10年以上守り続ける家族の歴史

小学校3年生のときに急性リンパ性白血病を発病したワイルズさんは、高校1年時の2009年2月にブログ「ワイルズの闘病記」を開設した。

きっかけは白血病の再々発だ。中学1年時に骨髄移植を受けてから少しずつ良くなっていった体調は、高校入学後は無遅刻無欠席で過ごせるほどに回復していた。そこにきての悪い報せに「非常に趣向を凝らして作り上げていたドミノが、地震で倒れてしまっ

**ワイルズの闘病記**

http://pon4416.blog65.fc2.com/

■最終更新:2016年8月1日

■亡くなった時期:2010年8月1日

■死因:病気(白血病関連)

たような」ショックを受け、同時に「何度私を苦しめれば気が済むのか」という強い怒りがわき起こった。だから、ブログの最初から闘病の意志に満ちている。

それまで使っていたハンドルネームではなく、このブログから「ワイルズ」を名乗るようになったのは、約350年間誰も解けなかった数学の超難問「フェルマーの最終定理」を1995年に証明した数学者のアンドリュー・ワイルズにあやかったのではないか。後にブログ上で父（父ワイルズさん）はそう推測している。奇跡のような偉業を成し遂げた人物に、奇跡を起こそうとしている自分を重ね合わせるために。

5年生存率が著しく低い状態であることを承知しており、自らの死に言及することもいとわない。好きな漫画やアニメ、ネットのコンテンツを語る調子のままで、目の前にある病気のこと、起こりうる将来のことを淡々と考察して伝えてくる。2009年3月4日の日記。

「ようやく、本心が出せるようになってきました。

多分それは、死の可能性という現実と向き合うようになったから。

死ぬ可能性を十分理解した上で生き残る意志を得たから。

きれいごとだけの偽りの生きる意志ではなく、現実としての生きる意志。

俺は、早ければ来週にも死ぬかもしれません。

来週生き延びても治療が上手くいかなくて最終的に死ぬかもしれません。

その可能性は決して低くなく、むしろ生き残る可能性より大きいです。

でも、俺は絶対生き残ります。」

成功の確率が低いと言われた母からの骨髄移植が上手くいって体調が回復した時期もあったが、退院直前に再々発が見つかり、絶望の淵へと追いやられた。そこで死を覚悟し、受け入れる心境に至る。ブログで発信することは止めなかった。そんなワイルズさんの言葉は2010年7月31日で終わる。タイトルは「高熱再び」。

「タイトルの通り再び高熱が出たので更新できませんでした。写真とかは撮りまくったのですが、編集してアップするには至らずorz

体調が良くなり次第、経過なども載せたいと思います。」

次の更新は両親連名の訃報だった。8月1日、自宅で家族や友人に見守られて「安らかに眠るように息を引き取りました」という。

しかし「ワイルズの闘病記」はここで終わらない。以後は父ワイルズさんが主に筆を執り、葬儀や納骨の様子、生前のワイルズさんの思い出などを綴るようになった。納骨後の頻度は数ヶ月に1回程度だったが、ワイルズさんの縁の土地に旅行した写真や、出身校からもらった卒業証書を紹介するなど、毎回新しい内容がたっぷり書き込まれており、ブログを存続させる意欲が満ちている。

異変が起きたのは2012年7月。父ワイルズさんが勤務先で倒れ、救急車で搬送された。一命を取りとめたものの、脳出血による後遺症は重く、以前のような活動は断念せざるをえない状態になってしまった。後を継いだのは母ワイルズさんだ。更新頻度はさらに低くなったが、ワイルズさんの命日付近になると心のこもった長文をしたためた。最終更新はワイルズさんが亡くなって7年が経った2016年8月1日。以後も静かに管理を続けている。メインの書き手が複数変わって更新され続ける個人サイトの例はかなり少ない。「ワイルズの闘病記」が希少例になり得た理由はいくつかあるが、とくに故人が存続の目的と意思を強く明確に示していたことと、その意思を共有する近しい存在がいたことが大きいように思われる。

ワイルズさんが友人や恩人に向けて生前残したメッセージはこんな一節で締められている。父ワイルズさんが2010年8月8日に公開したものだ。

「おそらく、私の死は後続の者達に、何らかの波紋として伝わると思います。私の意志は、級友、そして後輩へと。

語ってください。『死』について、今の教育では全く理解できないまま、多くの子供が成人していってしまいます。

『死』は特別なことでも、恐れるべきことでも、辛いことでも、苦しいことでもない、ということを、教えて欲しいのです。

かつて、笑いながら自分の葬儀を指示し、遺書を書いた子供がいたことを、知って欲しいのです。」

ブログの内容は両親の編集により、2011年8月に文芸社から同名書籍として刊行。2021年には『不滅のワイルズ』と改題し、同社の文庫となっている。

# 急性白血病で亡くなった上司の志を背負い仔猫の一時預かりとブログを引き継いだ

「すみません、日頃の不摂生のせいか少し体調崩しまして
　この際、ちゃんと検査しようと思います
　大丈夫です（・∀・）
　留守やあさぎちゃんのことも家族やM部長にお願いしてあり
　何も心配ありません」
　2011年7月31日、本業の傍らで仔猫の一時預かりボランティアに勤しんできた女性・KAZUさんは、自身のブログ「純情仔猫物語」にそ

**純情仔猫物語**

http://kazurinn.jugem.jp/

■最終更新:2015年8月9日
■亡くなった時期:2011年8月9日
■死因:病気(白血病関連)

だった。

う書いた。日記のタイトルは「少しお休みします」。同年夏から体調不良に悩まされるようになり、その原因を探るためにしばらく入院するためブログを離れるとのことだった。

しかし、数日後には急性白血病と診断結果が出て、事態はにわかに深刻な色を帯びる。入院は検査のための数日から「最短で2〜3ヶ月程度」に変わり、KAZUさんはただちに無菌室に入れられた。部下の「M部長」ことミッキー部長さんによる代筆で、8月7日にこう綴っている。

「現在、輸血、点滴、抗生剤を毎日投与し、がんばっています。（略）

携帯電話は許可されていますが、息苦しくて話すことができません。

メールも友人などに頼みごとだけしていますが、しっちゃかめっちゃかの文章で、一方的に送りつけてしまい、非常識なこと申し訳なく思っています。

どんなにうまくいっても最低3ヶ月間から半年前後は入院を覚悟しないといけないようです。

7割の人は一旦回復するそうですが、なぜか私の人生は少ない確立に入ってしまう傾向があり、（そんなマイナス思考でどうすると、お叱りを受けそうですが、、）、何の覚悟もないまま亡くなってしまう方々を思えば、こうしてお伝えできる手段があって恵まれています。

どうか皆様、ご自身のお体を心身ともに大切にしてください。

私はあまりに自分の体のことを二の次、三の次にしてしまいました。自分を大切にするということは、家族や周りの方々を大切にすることと同じなのだと初めて知りました。」

KAZUさんは病名が判明したわずか一週間後、8月9日の朝に事切れてしまう。彼女は年齢を明かしていなかったが、夭折と言ってよいほど早い死だったことはブログの断片から知れる。

その後も「純情仔猫物語」の更新ペースが当面変わらなかったのは、ミッキー部長さんがKAZUさんのことやボランティア活動について積極的な発信を続けたためだ。ミッキー部長さんはKAZUさんと20年来の付き合いがあり、仕事だけでなくボランティアにも携わっていた。ブログでも家族とともにたびたび名前が挙げられる存在で、常連の読者から見ても自然な引き継ぎだったといえる。ブログのIDとパスワードは生前に聞いていたので、後はブログレンタル料の決済先を自身のクレジットカードに変更するだけだった。彼自身はこう振り返る。

「正直に申し上げて、彼女が亡くなるとは私も本人も考えていませんでしたので、死後の準備ができていたわけではありません。明確に彼女から更新を依頼されたわけではありません。それでも私がブログを更新し始めたのは、読者の方に彼女の生き様を知ってほしい、そして私がブログを更新することで多くの方が感じていた悲しみを共有し癒すことができるのではないかと考えたからです」

ＫＡＺＵさんを慕いその思いを読者と共有していく姿勢は、40回近く更新した「ＫＡＺＵ通信」というカテゴリの日記を読むと強く伝わってくる。

ブログの更新頻度は半年、一年と時間が経つにつれ、徐々に落ちていった。三回忌が過ぎた２０１３年８月からは月に一度の更新もなくなり、以後は命日付近に数回アップする程度に留まり、２０１５年８月を最後に静止した。

将来このブログをどうするのか。当時尋ねたとき、ミッキー部長さんはこう答えてくれた。

「今後については、なんとも考えていないのですが、私が管理できるうちは荒らされることがないように努めたいと思っています。更新頻度もなかなか厳しいのですが、お墓が雑草で生い茂るようなことにはしたくないと考えています。ただ、自分の死後に何かを残したいとは考えていません。可能であれば、私が続けようと思ううちは続けて、更新をやめようと思った時には、明確なエピローグのようなもので締めくくりたいと思っています」

# 闘病の末に51歳で亡くなった夫
# その8ヶ月後に妻が始めた回想録

ｒｅｉさんは２０１４年５月からブログ「出会えてありがとう」を始めた。８ヶ月前に51歳で亡くなった夫＝「旦那様」の闘病を伝える内容だ。

ブログは、２０１０年６月に夫が体調不良を訴えるようになった時期から振り返りを始める。その４ヶ月後に膵臓がんとの告知を受け、開腹手術を経て、夫婦は末期の状態だと知らされた。主治医曰く、「もって1年、早くて半年」。

それから本格的に闘病生活

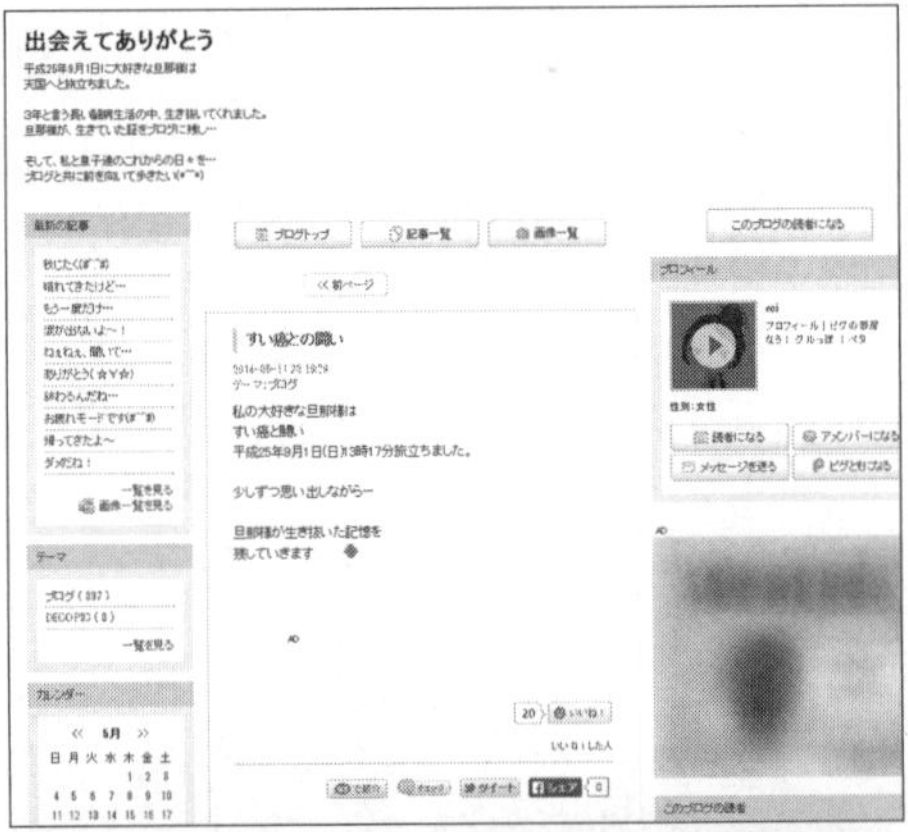

**出会えてありがとう**

http://ameblo.jp/kenken3725/

■最終更新:更新中
■亡くなった時期:2013年9月1日
■死因:病気(膵臓がん関連)

が始まる。がんは手術半年後に再発し、治療法を何度か変える必要にも迫られたが、夫は余命宣告の期日を超えて生きた。さらに1年経っても自らハンドルを握って故郷に帰省できるほどに元気だったが、闘病3年目に入ると入退院を繰り返すようになり、体調は一進一退しながら次第に下降線を描いていった。

緩和ケア病棟か、自宅か、病院か。いつしかｒｅｉさんも、最期を過ごす場所を悩むようになっていた。

最後のときは２０１３年9月1日。数日間続いた荒い呼吸が落ち着き、夫は眠るようにこの世を去っていった。最後の言葉は、亡くなる4日前につぶやいた「満足した。満足した。満足した」だった——。

夫の臨終を描写したのは２０１４年6月27日の日記だ。ブログスタートからほぼ毎日、当時の日記帳などを参照しながら記憶を掘り起こしては書き、3年間続いた闘病生活を1ヶ月半のハイペースで駆け抜けていった。

闘病生活を振り返った後の日記は、ｒｅｉさんの日常や心境を書き綴るものが中心になっている。誰にも見せず机の引き出しにしまっておくような、昔ながらの意味での日記に近い。しかし、語りかけるメインの相手は、自分自身ではない。文末には必ず「旦那様」への呼びかけがつくようになった。

２０１４年12月22日の日記。

「旦那様〜

どう〜?

二人っきりって何十年振りだよ。

ずっと家族で過ごしたからさぁ〜

息子たちが大きくなったって事だね。

嬉しいね〜

また、二人で過ごせるなんて!

二人で語ろうね。

側に居てくれるよね〜

あなた、お酒、弱いから
酔い潰れないでね〜」

夫の死後8ヶ月経ってブログを始めた経緯をｒｅｉさんは教えてくれた。

「それまでは、暗闇から抜け出すことができませんでした。けど、泣いてばかりではいけない。苦しんで逝ったあの人のために生きた証を遺したかった。後悔ばかりある看病の日々でしたが、生きてたってことを知って欲しかった。それだけの思いと、自分の立ち直りのためにブログを立ち上げました。」

その後も少しずつ更新ペースを落としながらもｒｅｉさんは断続的に更新を続けている。「この先、続けていくつもりです。今では、天国にいる旦那様へラブレターブログです。旦那様に逢える日まで続けるつもりです」という。

# メディアミックスで進む「フーフー日記」その淵源となる夫婦の闘病ブログ

「川崎フーフのダンナ」さんは、2009年9月、「ヨメ」さんが帝王切開で長男を出産する前日にブログを始めた。同年1月に川崎市で同棲を始め、3月に入籍。ヨメさんはまもなくして身ごもり妊婦として過ごしていたが、約半年後に直腸から悪性腫瘍が見つかり入院を余儀なくされる。帝王切開は、できるかぎり早めにがん治療を始めるための措置だった。

この局面でブログ「がん

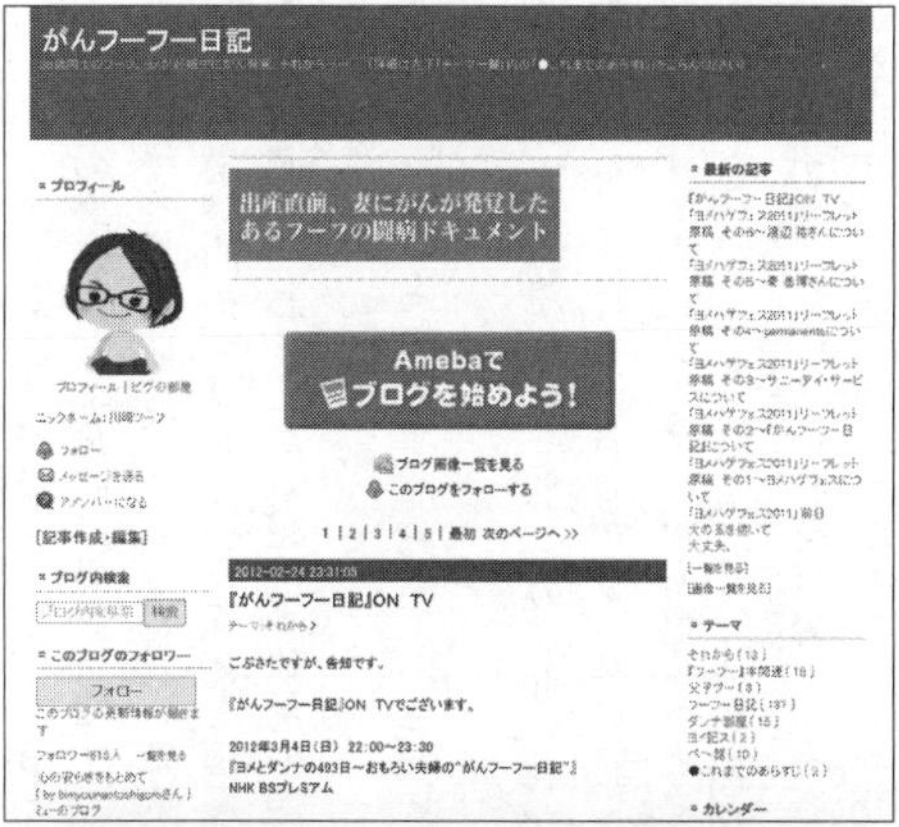


## がんフーフー日記

http://ameblo.jp/gan22/

■最終更新:2012年2月24日
■亡くなった時期:2010年7月9日
■死因:病気(直腸がん関連)

フーフー日記」を立ち上げたのは、ヨメさんの生きる支えとして交換日記をつけるというアイデアが元になっている。日記の書き出しで毎回「ダンナです」と断りを入れているのはそのためだ。ただ、夫婦間で交換日記をするよりは友人知人、さらには近い境遇の誰かにも読んでもらおうと、最終的にブログという媒体を選んだ。

そしてもうひとつ、ダンナさんの内面からわき上がる感情も執筆の大きな原動力になっていた。10月4日の日記にこうある。

「なにか、今、感じること、想うことをひとつ残らず記録しておきたい欲望に駆られているのである。

どこかで、今がとても大事な時期のような気がしているのかもしれない。『絶対に忘れてはならない出来事』が起っていると感じているのかもしれない。

なるべくウソをつかず、色気を出さず、いいダンナに見られようとか思わず、素直に今を綴りたい。」

長年雑誌編集を生業としているダンナさんは、この状況においても客観的かつ理性的な文章を書く。それでも開設当初は文章に躁的防衛に近い勢いがあり、ヨメさんのケアと仕事の両立に苦しんでいる時期の日記からは沈んだ調子が読み取れる。抑制してもなおあふれる感情が闘病の記録とともに生々しく刻まれている。

一方のヨメさんも当初は交換日記に参加していた。ヨメさん名義の日記は２００９年10月13日から15日にかけて5回分が残されている。初めての放射線治療と抗がん剤治療が行われた時期に自身の思いを綴っていた。以後もダンナさんによるインタビューのかたちでブログに登場することはあったが、自らが更新することはなかった。それでも二人三脚は伝わる。

ヨメさんのお腹に宿った命は着床から28週と6日で外の世界に出てきた。1500g未満で生まれた長男は新生児用のICUを経てそれから健やかに育っていく。

しかし、ヨメさんの状況は順調とはいえなかった。秋から抗がん剤治療と放射線治療に取り組んだものの劇的な改善はなく、12月には腸閉塞を起こし人工肛門を導入することになる。

当初の予定だった腫瘍を切り取る手術は延期となり、この時期主治医はダンナさんだけに肺などへの転移を伝えている。すでに末期の状態だった。2010年5月末に治療を断念し、6月にヨメさんの故郷であるいわき市の病院に移る。その後も化学治療を検討するほどの気力があったが、7月に急変。ダンナさんが駆けつけるも間に合わず、そのまま亡くなってしまう。あと半月で39歳を迎えるところだった。

ブログはここで終わらない。〝最終回〟はヨメさんが亡くなって2ヶ月以上経過した9月25日。その間に、ダンナさんは長男を引き連れて故郷の広島に生活拠点を移すこと、このブログを書籍として残すことを決めて公表した。

2011年4月25日に小学館から発行された同名書籍は大きな反響を得て、翌年以降のテレビドラマ化や映画（『夫婦フーフー日記』）化に繋がった。

# 30年積み上げてきた鉄道模型の粋 亡くなったあとも資料館として愛される

鬼頭哲哉さんは、小学校4年生の頃にペーパークラフトの蒸気機関車と出会ったのをきっかけに鉄道模型に熱中するようになり、生涯を通して腕を磨いた。勉強や仕事、恋愛や家庭と並行しながら、20代後半には業界誌のコンペで特別賞を獲得し、30代に入ると新聞社の取材を受けたり鉄道模型のDVD制作企画に出演したりと多彩な実績を残すようになる。その技術の粋を披露しているのが、1999

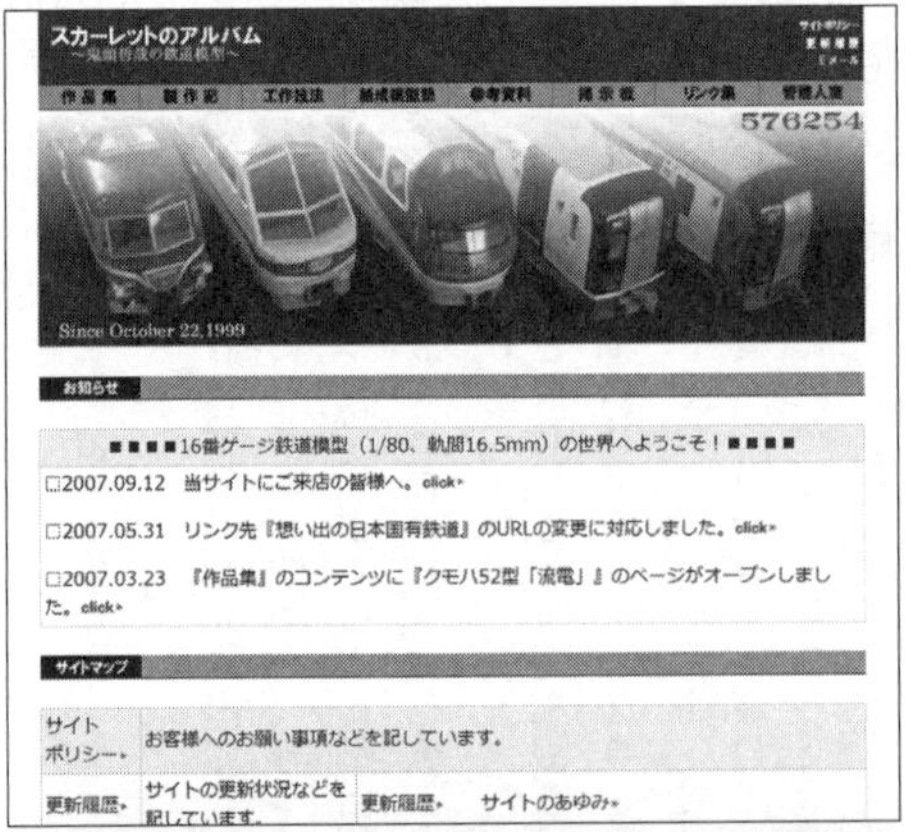


**スカーレットのアルバム〜鬼頭哲哉の鉄道模型〜**

http://scarlet7000.net/index.html

■最終更新:2007年9月12日

■亡くなった時期:2007年9月9日

■死因:病気(不明/非公開)

年に開設したホームページ「スカーレットのアルバム」だ。

工作紙や木材などを使って、イチから1／80サイズの車両を作り上げる過程を写真入りで細かく解説しており、床下機器の製作から仕上げの塗装のコツまで徹底して具体的に制作過程を紹介している。完成作品も鬼頭さんが暮らす名古屋市の鉄道を中心に30種類以上収録しており、その徹底した仕事ぶりを堪能することができる。鬼頭流鉄道模型の教科書のようなものだ。

鬼頭さん自身はこのホームページを残して2007年9月、39歳の若さで亡くなっている。没後に弟がアップした「お知らせ」によると、長く肺がんを患っていたという。生前はサイト上で病名を一切明かさなかったが、仲間とのやりとりに使っていた掲示板コーナーの過去ログを辿ると、朧気に闘病の足跡が見えてくる。

最初に異常が見つかったのは2005年8月末。痛めていた股関節の治療と五十肩の療養を進めていたところ、病院の検査で「五十肩ではなくもっと深刻な病状」が見つかった。後の状況から推測すると、このとき初めて肺がんの疑いが持ち上がったと思われる。数日後の検査で病巣が確認され、そのまま長期入院が確定し、9月からサイトの管理を知人にまかせて治療に専念することになった。

同年12月に退院できたが、「病気自体を根治するまでの道のりは長く、まだ当分の間辛抱が続きそうです」とのことで、その後は病を抱えながら生きていくことになる。

翌年は自宅で療養生活を続けていたが、6月には家族のサポートを受ける必要から実家に転居。その間も無理のない範囲で模型の制作を続け、ホームページも精力的に更新していた。2007年2月には5度目の全面リニューアルを果たしている。

ただし、5月にリンク先のURLを調整した後は手を加えられることはなかった。以降も掲示板での雑談は続けているが、読み返すとやりとりの節々から厳しい状況が漏れ伝わってくる。6月10日の書き込み。

「自宅から病院まではクルマで10分少々なんですが、家を出てから再び帰り着くまでの時間が1時間程度なのですが、たったこれだけのことでも疲れきってしまいます」

この数日後、体調管理が困難になり1ヶ月間の入院を余儀なくさせる。退院後も床に伏せる日が多く、8月17日には冗談交じりにこんな思いを書き込んだ。

「若い頃は、時間のあるときゃカネがなかった。
仕事してるときゃ、時間がない。
結婚したら自由に使えるカネもなくなった。
病気したら、元気に動けるカラダがなくなった。
人生、大事なものがなくなってばっかりで、ふう。」

鬼頭さんの没後、近しい仲間が管理を引き継いだため、この掲示板を含めてサイト内のすべてのコーナーは現在も閲覧可能だ。掲示板にはサイトを訪れた感銘の書き込みがたまにアップされている。

# 大学が10年以上継続管理している研究者・菱木昭八朗さんのホームページ

スウェーデンには後悔投票と呼ばれる制度がある。郵送などで事前投票した後に、「やっぱり別の候補者にするべきだった」と投票内容を後悔したら、選挙当日に投票し直せる制度だ。１９８５年から導入された。また、１９７２年には「性の転換に関する法律」が公布され、性同一性障害を持つ人が自らの申請によって国民登録基本台帳にある性属性を変更できるようになった。

**菱木スウェーデン法研究所**

http://www.senshu-u.ac.jp/School/horitu/researchcluster/hishiki/

■最終更新:2003年9月30日
■亡くなった時期:2004年5月21日
■死因:不明/非公開

こうした情報に日本語で気軽に触れられるのは、論文やエッセイ、翻訳を広く公開している日本の研究者がいるからだ。情報ソースは「菱木スウェーデン法研究所」。日本におけるスウェーデンの法律研究を牽引する人物として知られる、専修大学法学部名誉教授・菱木昭八郎さんのホームページだ。

菱木さんは1952年に専修大学法学部法律学科卒業後、同大学を拠点にスウェーデン法の研究を進め、1999年に定年で退職した後も名誉教授として研究を続けた。1997年にホームページ「菱木スウェーデン法研究所」を開設して以来、スウェーデン憲法（統治法）や個人情報保護法の翻訳、家族法の法令翻訳に、菱木さんの研究成果、講演録などを追加して、コンテンツを充実させていった。

このホームページを残し、菱木さんは2004年に75歳で逝去。前年の2003年9月には、同年7月に施行された新しい同棲婚法の翻訳も収録している。以後、研究所を引き継いで新情報をアップする後進はなく、サイトの時は止まったままだ。

しかしその一方で、10年以上経った現在もほとんどのコンテンツが閲覧可能な状態に保たれているのは偶然ではない。菱木さんが亡くなった直後に、専修大学法学部の広報委員会がホームページを引き継いで管理しているためだ。

グーグルなどで「菱木スウェーデン法研究所」を検索すると、通常のトップページがヒットするが、専修大学の公式ページから菱木教授の氏名で検索すると、「メッセージ」と題されたクッションページが表示される。白地にテキストだけの簡素な作りで、こう書かれている。

「このスウェーデン法データベースは、専修大学法学部名誉教授 故菱木昭八郎氏が作成したものです。菱木教授は、２００４年5月21日に他界されましたが、このデータベースはスウェーデン法のオンライン・データベースとしては我が国では最初のものとなりました。現在はご遺族のご了解のもとに法学部の広報委員会で保管しております。

最終更新日は２００３年9月30日となっております。

ＥＮＴＥＲ」

この「ＥＮＴＥＲ」の文字を押すと、本来のトップページに進む。大学側がサイトに付け加えたのはこれだけだ。教授が残したものを尊重し、意図的に当時のままの状態で保存している。

菱木さんのように、実績を残した研究者やその道の第一人者のホームページは、没後も所属する団体が継続管理する例が少なくない。研究所のメンバーが意志を引き継いで更新を続ける場合もあれば、この事例のように本人の痕跡を尊重してあえてそのまま残すということもある。いずれにしろ、相当に名誉のある措置で、公共利益に適っている。今後も、大学や研究機関、企業などを中心に、こうした事例は増えていくと思われる。

# 解離性同一性障害を抱え、命を絶った女性
## その傍で支えた男性がこの病気を語る

りんこさんは自分が産声を上げたときのことを覚えているという。生まれたばかりの自分を見た父親が発した、「なんだ、女か」「あぁ～あ、女はいらないんだよ」という言葉が成人になっても脳にこびりついて離れないそうだ。

しかし、その後の記録は断片的になる。小学校の卒業式を練習している頃に受けた「今までの中で最も酷い虐待」によって、〝基本人格〟が心の奥に押し込められ、それま

解離性同一性障害の
彼女と僕。
幼少期から家族による暴力、暴言、性的虐待、
それらを 受け続け、なお生き抜いてきた彼女。
生き残るために患った解離性障害。
計り知れない代償とトラウマを抱え、
大人と なってからも解離性障害をはじめとする
心の病とたたかい、悩み考え続けながら生きる彼女と、
彼氏の僕のお話。
解離性障害・解離性同一性障害の知識
├解離 性同一性障害って何？
├解離は人間に備わる精神の防衛本能？
├解離性障害と解離性同一性障害、何が違うの？
├解離性同一性障害の（彼女の）症状
├なぜ解離性障害になってしまうの？解離性障害の原因
├いじめや虐待を受けていないのに、解離性障害と診断される場合
├解離性障害は治るの？治療期間は？
├解離性障害は様々な心の病を併発しやすい
解離性同一性障害の彼女と僕。にご訪問あり がとうございます(^_^)
僕の付き合っていた彼女は、幼少期から過酷な家庭環境の中で、
解離性同一性障害（ＤＩＤ）という重い病をかかえながら、
必死に生き抜いてきた女性でした。
そんな彼女と付き合い、ともに暮らすなかでは、
戸惑うことや悩むことも多くあり、
僕にはそれを相談できる相手もいなかったものだから、
ふたりで四苦八苦 しながら、
なんとかかんとか、やっていくしかなかったのでした。

**解離性同一性障害の彼女と僕。**
http://kairiseishougai.web.fc2.com/index.html
**解離性同一性障害（多重人格障害）40余りの人格と共に生きる**
https://ameblo.jp/rin3718/

■最終更新:2012年1月頃
■亡くなった時期:2010年6月30日
■死因:自殺

でも存在していた複数の人格が様々な場面に代わる代わる対応するようになった。

次の記憶は、両親がりんこさんを置き去りにして家を出て行った高校時代だ。虐待する父親と、あることないことを父親に告げ口してりんこさんが殴られるように仕向ける母親。この二人が出て行った後も内に宿った解離性同一性障害、いわゆる多重人格障害は消えなかった。フィクションの世界でも有名な疾患だが、国際的な精神障害マニュアル「DSM」に古くから収録されており、幼少期のトラウマなどが原因で苦しんでいる人は少なくない。彼女は40人余りの人格を抱えていたという。

社会に投げ出されたりんこさんは、やがて直さんという信頼できるパートナーに出会う。そうして、2007年4月にブログ「解離性同一性障害（多重人格障害）40余りの人格と共に生きる」を開設し、これまでの人生と、現在も襲う激しい自殺願望を綴るようになった。1年半後には、直さんもブログ「解離性同一性障害の彼女と僕。」を立ち上げて、パートナーの立場からりんこさんの闘病と生活を書くようになり、二つのブログは両輪のように更新を重ねていくことになる。

しかし、二人の生活は2010年6月末に終わりを告げる。些細なことがきっかけで喧嘩した日の夜遅く、りんこさんが大量の薬を飲んで自殺したためだ。

大量服薬した直後にりんこさんが書いた日記が残っている。パソコンに残されていたメモを直さんが見つけ、後日アップした。コメントの日付から推測すると実際の投稿は7月下旬だったようだが、投稿日はりんこさんが亡くなった2010年6月30日と調整されている。

「死ねるかな
また死ねないのかな
薬の名前は言えないけど
100錠飲めば死ねる薬がある
未だにある
その薬をお酒で300錠程飲んだ
まだ意識がある
UPしようか迷った
誰にも邪魔されたくないから
邪魔しないで
ひとりぼっちなの
またひとりぼっちなの
だからお願い
邪魔しないで
お願いだから邪魔しないで
お願いだから死なせて
邪魔しないで死なせて

死なせて欲しい」

りんこさんのブログはここで止まっている。直さんも、それから当分の間は自身のブログを更新できなかったようだが、没後1年以上経った２０１１年10月に日記をアップし、りんこさんが亡くなった前後である6月29日から30日未明の出来事を詳細に振り返っている。

直さんは事態を把握して救急車を呼んだが、病院に着いてもりんこさんの意識は戻らず、そのまま絶命してしまった。後悔の念とともに当時の状況が詳細に綴られている。

その後、年明けにはトップページの文章も改められた。

「僕の付き合っていた彼女は、幼少期から過酷な家庭環境の中で、解離性同一性障害（ＤＩＤ）という重い病をかかえながら、必死に生き抜いてきた女性でした。（略）けれど、そうやって四苦八苦やってきた僕たちなので、それを今困っている方に、伝えられることもあるのではないかと、少し偉そうなのですが思うので、このホームページの中で、解離性同一性障害の本人の方や、その恋人・夫婦の方、家族の方、親友の方の助けになるようなことを、提供していけたらなと思っています。」

以降の更新はないが、2つのブログは10年以上の時を経て２０２４年現在もインターネット上に存在している。そこには意志がある。

# 没後10年、元アシスタントが守り続ける漫画家・小菅勇太郎さんのホームページ

2000年代前半、少女漫画風のタッチで描く成年向け作品を世に送り出していた漫画家の小菅勇太郎さんは、2004年12月19日に悪性リンパ腫のために亡くなった。

同年4月から闘病していたが、本人がそれに言及したのはホームページの掲示板に残した1度限りの書き込みだった。日付は5月16日。

「実は急病で入院していまして

本日やっと外泊許可をいた

**カフェテリア WATERMELON**

http://cafeteriawatermelon.web.fc2.com/

■最終更新:2014年9月28日

■亡くなった時期:2004年12月19日

■死因:病気（悪性リンパ腫関連）

だき、久々に書き込んでいます。

まだしばらく入院が必要みたいで今度書き込めるのがいつになるかはしばらくわからないのが現状です。

ご心配をお掛けいたしますが
きっと元気になって帰ってきますので
そのときにはまたよろしくお願いいたします。

がんばります。」

以降はアシスタントのありさわさんがホームページの管理人を代行して適宜更新するようになったが、小菅さんの没後もそれは変わらなかった。

年明け2005年1月の更新でトップページに訃報を載せ、3月には掲示板の新規書き込みを終了すると、サイトは外部から変化の見えない静止状態となった。

次に動いたのは同年の年末。新たに見つかった同人誌の在庫をコミックマーケットで販売するという告知がインフォメーションコーナーに載せられた。以後、対外的なイベントが催されることはなかったものの、年末が近づくとトップページのイラストが更新されるといったゆるやかな更新は続けられた。

その年1回の動きも2009年に一旦止まって2010年に再開、2011年に更新したのを最後に気配がなくなる。

再び動きが見えたのは2014年9月。契約していたホームページレンタルサービスが終了するのがきっかけだった。新たに取得したドメインにホームページをそっくり移転し、トップページも更新。

小菅さんの死後、「元」アシスタントで「現」管理人となったありさわさんは、元からサイトの閉鎖や放置は考えていなかった。それでいてほとんど更新しないことにも理由がある。2007年10月、「ありさわのメモページ」(現在は閉鎖)にこう書いていた。

「私、ありさわ宛に『ホームページはずっと残して欲しい』とのコメントも頂きます。現在、カウンターの進みを見たり、拍手やコメントいただいたりで、ご訪問くださる方も絶えず　出来る限り残して公開させていただこうと思っております。なるべく、現状のままで残しておきたい事から、私からの更新は控えておりますので音沙汰も無い状態ですが、時々全体のチェックなどは行っております。また思い出した頃、ご訪問頂ける日をお待ちしております。」

ファンが思い出してホームページを訪ねてきたとき、可能な限り小菅さんが生きていた頃のままの状態で迎え入れたい。ありさわさんは、その思いが没後10年経っても変わらないことを(バックグラウンドで様々な手間のかかる)ホームページの移転で証明した。

2014年9月28日のトップページにもこう書いている。

「いまのところ閉鎖は考えておりません。現在もご訪問下さる方がいらっしゃり、拍手やメッセージを頂いて、大変感謝しております。」

# ロッカーにして心霊研究家の池田貴族さん　その人となりを体現したサイトが今に残る

　ロックバンド・ｒｅｍｏｔｅのボーカルとしてメジャーデビューして、後年は心霊研究家やマルチタレントとしても活躍した池田貴族さんは、3年間の闘病の末、１９９９年12月25日に肝細胞がんで亡くなった。36歳だった。

　池田さんは音楽ソフトや書籍だけでなく、インターネット上にも作品を残していった。自身が所蔵したり読者から寄せられたりした心霊写真と心霊体験談を紹介するサイ

**池田貴族心霊研究所**

http://www5d.biglobe.ne.jp/~kizoku/
http://www.sunpark.or.jp/sunpark/kizoku/kizoku/kizoku.htm ※閉鎖
http://www.kizoku.com ※閉鎖

■最終更新:2001年12月頃
■亡くなった時期:1999年12月25日
■死因:病気(肝細胞がん関連)

ト「池田貴族心霊研究所」がそれだ。このサイトは現在もアクセス可能で、池田さんの歩みを現在まで伝えるモニュメントとなっている。

サイトのビジュアルと構造は2000年12月にメディアファクトリーから発売されたプレイステーション向け3Dアドベンチャーゲーム『霊刻 ―池田貴族心霊研究所―』（池田さんがプロデューサーとして開発に携わった作品で、BGMや声の出演も担当している）を模している。

トップページのタイトル部分にはFLASHが使われており、2021年以降は表示できなくなっているが、3DCGふうの館の画像は生きている。その玄関あたりをクリックすれば館内の廊下に進める仕組みだ。廊下の左右に並ぶ扉をクリックすれば、心霊写真をまとめた部屋や体験談の部屋、池田さんのプロフィールをまとめた「所長室」などに進めて、それぞれのコンテンツに触れられる。

サイトには掲示板やアクセスカウンターといった訪問者の足跡を残す装置がなく、更新の履歴を調べても手を加えられた痕跡は見つからない。リンク集にあるサイトの半数以上が閉鎖していることからも、誰も長らく管理していないことは確実だ。典型的な放置サイトといえるだろう。

しかし、当人の死後に放置されてたまたま残ったわけではない。そもそも『霊刻～』自体が池田さんの没後にリリースされたもので、サイトが作られた時期も同様だ。実際、「所長室」に飾ってある壁掛け写真をクリックすれば、池田さんが眠るお墓の写真と住所が表示されるし、池田さんの写真からジャンプできるプロフィールコーナーには死後の情報までまとめられている。池田さん亡き後もしばらくはコンテンツの更新が続けられていたのは明らかだ。

真相は、インターネットアーカイブが運営するアーカイブ検索サイト「ウェイバックマシン」で「ｋｉｚｏｋｕ．ｃｏｍ」を調べると見えてくる。

実は現存しているのはミラーサイトで、２００１年までは独自ドメイン下で旧サイトが運営されていたのだ。さらに辿ると、少なくとも１９９６年には公開されていたオリジナルサイト（http://www.sunpark.or.jp/sunpark/kizoku/kizoku/kizoku.htm）も見つかる。つまり、現存しているのは3代目にあたるサイトだ。

オリジナルサイトを運営していたのは池田さんだったが、体調悪化後はゲームを制作したメディアファクトリーのスタッフに委ねられた。それが二代目サイトだ。しかし、費用がかかる独自ドメインのサイトを商業ベースで維持するのは難しい面もある。そこで一計を案じた。二代目サイト運営終了時のお知らせ画面のアーカイブにはこう書かれていた。

「２００１年12月26日午前0時をもちまして、当サイトの運営は終了致しました。『池田貴族心霊研究所』は、故池田貴族氏が心霊に悩む人たちの悩みに答えたい、という気持ちで立ち上げたサイトです。

所長である池田氏が亡くなられた後は、株式会社メディアファクトリーが運営して参りましたが、池田氏の三周忌を迎えるにあたって、サイトの運営を終了することにいたしました。

サイト運営の終了にあたり、『池田貴族心霊研究所』は、

http://www5d.biglobe.ne.jp/~kizoku/に一部移管されました。池田氏の生前の活動や心霊データベース、体験談などの閲覧をすることができます。

大変多くの方に訪れていただき、親しまれてきました当サイトではありますが、何卒、ご了承ください。

これまでどうもありがとうございました。」

池田さんの三回忌（没後2年）を機にドメイン契約と管理を終了し、更新の不要な一部コンテンツのみを無料のホームページサービスに移管したのだ。移管の時点で、元はあった掲示板やメール窓口などは、綻びがでないようにカットしたとみられる。また、トップページに流れるサイト解説に「所長室は所員のみ入室が許可されています」と流れることから、当時は限定公開だったコンテンツも全開放したようだ。

何もしなければ池田さんのサイトはまもなく消失するが、無料のホームページスペースにコピーを置けばそのサービスが続く限りは延命できる。スタッフの最後の心意気が現在の状態を作り出したといえそうだ。そして、委ねた先のビッグローブが無料ホームページサービスの提供を継続している幸運も重なったことが、2024年6月時点でもアクセスできる状況を生んでいる。

# 17歳で殺された娘への想いを胸に 未解決事件の情報提供を呼びかけた父の歩み

２００４年10月５日、広島県廿日市上平良（かみへら）で当時17歳の高校二年生・北口聡美さんが自宅で若い男に刃物で刺されて亡くなった。男は聡美さんの祖母にも重傷を負わせて逃走。まもなくして似顔絵や身体的特徴、逃亡に使った車や当時履いていた靴など多くの情報が集まったが、犯人逮捕には至らなかった。

父親の北口忠さんが犯人の情報提供を求めるブログ「ＳＡ・ＴＯ・ＭＩ　～娘への想

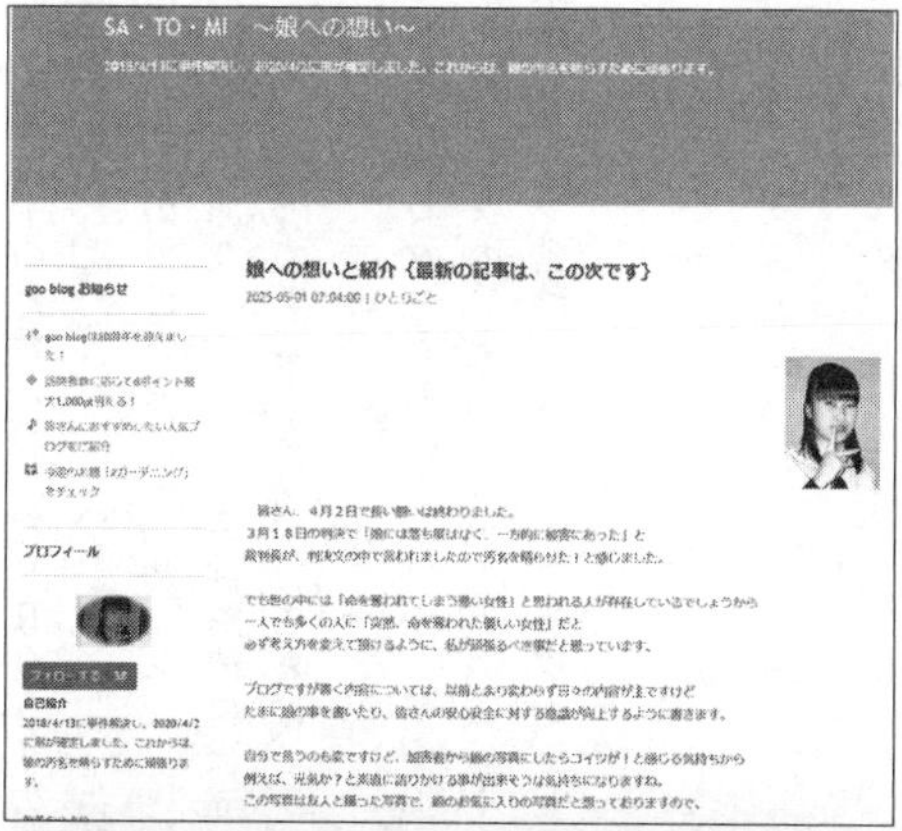


**SA・TO・MI ～娘への想い～**

http://blog.goo.ne.jp/npo-friends

■最終更新:更新中
■亡くなった時期:2004年10月5日
■死因:他殺

い〜」を開設したのは、事件から1年以上の月日が流れた2005年の年末だった。「情報を持っている人の中には直接警察へは言いにくい人もおられると思い、(まだ世に出ていない)隠された情報が出てくるのではと考えて始めました」という。

事件解決が難航していく不安が根源にあり、少しでも事件解決に役立てるために徹底的に工夫した。その意欲が10年以上経っても落ちなかったことは、ブログを読み込むほどに伝わってくる。

それまで日記を綴ったことはなく、ブログとも無縁だったが、暗中模索で情報提供を受けやすい場の構築を心がけた。ブログの最上段には犯人の似顔絵や身体の特徴、事件の詳細をまとめた投稿を未来の日付で常駐させて、常にアクセスした人の目に飛び込むようにした。

「犯人像ですが

・年齢　↓十代後半〜二十代

・身長　↓170㎝前後

・特徴　↓体は、がっちりしていた。その割に顔は小さい。
　　　　髪の毛の色は黒に近い。(よく見れば茶髪)
　　　　相当なワルと思い込みがちですが第一印象は、普通の男性に見えるかもしれません。

・服装　↓当時、黒っぽい服を着ていた。(略)

どんなささいな事でも良いですから、教えて下さい。」

また、更新頻度が高いブログほど読まれる傾向があるため、更新頻度を徐々に上げていき、2008年頃からは週6以上のペースを維持している。内容は忠さんの日々の暮らしの雑感がベースだが、文末には情報提供を求めるメールアドレスを載せた。

2015年頃、忠さんはブログの運営方針についてこう教えてくれた。

「個人のブログですから、一人でも多くの人に見ていただくにはどうすれば良いのか？ また見ていただくには、どんな内容を書けば良いのか？ 今でも悩むときがありますが、マイペースで更新するのが一番かな？ と感じています」

取り組みは奏功し、現在も犯人に関する情報は年に10〜15件のペースで届くようになった。アクセス数は新聞やテレビで事件が報道されるたびに跳ね上がるが、平均でみても週に1000PV程度で安定するようになった。

そして、事件から13年半が過ぎた2018年4月13日の朝。唐突に犯人逮捕の報せを受けた。隣の山口県で暴行事件を起こして検挙された男の指紋やDNA型が、聡美さんの現場に残されたものと一致したという。同日の日記。

「皆さんもニュースでご存知でしょうけど 今朝、事件の容疑者が逮捕されました。

（略）

娘への報告『事件が解決したよ』と私の胸の中で伝えましたが『守る事が出来ないで、ごめんなさい』という想いの方が大きいですし これからも、この想いは持ち続けるでしょうね。」

忠さんは冷静に状況を受け止めた。当初は誤認逮捕という可能性が脳裏をよぎっていたのもある。加えて、これから犯行の背景などの真実がどれだけ明らかになるかは未知数だし、最終的に望む判決が下されるとも限らないという懸念もあった。少なくともゴールした喜びのようなものはなかった。あるのはかすかな安堵くらいだったという。

明確に変わったのはブログのトップの景色だ。未来日付の日記は犯人の似顔絵を添えたものから、聡美さんの写真がついた日記に切り替わっている。2020年3月に判決が下った後は文面も更新している。

「皆さん、4月2日で長い闘いは終わりました。

3月18日の判決で『娘には落ち度はなく、一方的に被害にあった』と裁判長が、判決文の中で言われましたので汚名を晴らせた！と感じました。

でも世の中には『命を奪われてしまう悪い女性』と思われる人が存在しているでしょうから

一人でも多くの人に『突然、命を奪われた優しい女性』だと必ず考え方を変えて頂けるように、私が頑張るべき事だと思っています。

ブログですが書く内容については、以前と余り変わらず日々の内容が主ですけどたまに娘の事を書いたり、皆さんの安心安全に対する意識が向上するように書きます。

自分で言うのも変ですけど、加害者から娘の写真にしたらコイツが！と感じる気持ちから例えば、元気か？と素直に語りかける事が出来そうな気持ちになりますね。

この写真は友人と撮った写真で、娘のお気に入りの写真だと想っておりますので。

それと、今までは『守る事が出来ないで、ごめんなさい』という想いが強かったけど『生まれて来てくれて、ありがとう』という想いを強く持つようにします。

そうすれば、もっと娘の笑顔が見られるでしょうからね。」

ほぼ毎日更新のペースを２０２４年６月現在も維持している。

# 妻の歌声をサンプリングして歌を作り没後も連れ添って生きるクリエイター

30年以上出版畑を歩んできた松尾公也さんには、学生時代から連れ添った妻＝しーらさんを想う愛妻家の一面、そして、合成音声を使って楽曲を作って動画共通サイトにアップするクリエイターの一面がある。

しーらさんが乳がんと診断されたのは2010年8月。闘病の末、2013年6月に亡くなった。その闘いは、しーらさん自身が書き綴ったブログ「サラーマトの記」に詳しい。

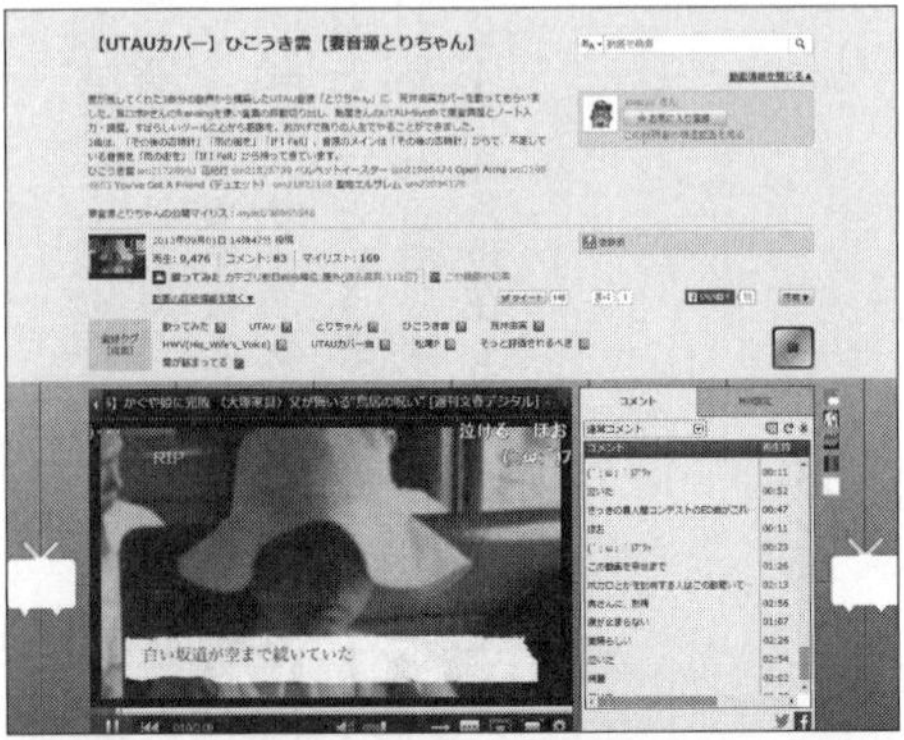

**妻音源「とりちゃん」（ニコニコ動画 投稿曲公開リスト）**
http://www.nicovideo.jp/watch/sm21728961/videoExplorer

**サラーマトの記**
http://blog.livedoor.jp/yoshiko_sheila/

■最終更新:更新中
■亡くなった時期:2013年6月25日
■死因:病気（乳がん関連）

しーらさんが亡くなった後、しーらさんの歌声から楽曲を作って少しでも喪失感を埋めようと考えたのは、松尾さんにとって自然な流れだった。

歌声合成ソフト「UTAU」（飴屋／菖蒲氏作）を利用して奥さんの音源を作り出す。ただし、残された歌声はわずか3曲分しかなかった。人の歌声をサンプリングして音源化するには本来2時間程度の歌声が必要になる。圧倒的に不足していたが、ひとつの音源から子音や母音を取り出して組み合わせる別の技術を使うことで、最低限の素材が確保できた。それでもザ行や〝ワ〟の音は足りなかったが、「ワならウを短くしてアと重ねてみたりと、色々やってみてカバーします」と、試行錯誤を繰り返すことでピースを埋めていった。

そうして数ヶ月で「妻音源とりちゃん」は完成する。〝とりちゃん〟はしーらさんの学生時代のあだ名だ。自宅から通勤電車の中まで仕事と家事のわずかな隙間を使って曲作りに励み、没後約2ヶ月で最初の作品が完成する。荒井由実の『ひこうき雲』のカバーだ。ニコニコ動画にアップしたところ、すぐに反響を呼び、「素敵でした」「泣いた」といったコメントが付けられていった。その後もコンスタントに楽曲を作り、3年目で100曲に届くほどに。YouTubeにもアップするようになり、反響はますます大きくなった。

元の歌声はあわせても十数分程度だが、何度制作しても新鮮な驚きがあるという。その瞬間に立ち会うためにこのライフワークを続けているといっても過言ではない。

「かみさんの声にすごく似ている部分が時々でてくるんですね。これはすごく嬉しい」

その声が本物でないことは承知している。だからこその喜びだ。

「本物とどこが違ってどこが似ているのか、それを考えることで新しい思い出が浮かんでくるんです。歌を作ることで、完全に忘れていたような記憶を思い出すきっかけが次々と生まれるんです」

松尾さんは、SNSでしーらさんの友人にしーらさんの写真を募ってもいる。楽曲作りとは無関係にみえるが、新たに思い出せる姿を増やす行為という意味では同じだ。

「1枚の写真をひたすら眺めて亡き人を想うというのが昔ながらの方法だと思いますが、ネットがあれば膨大なデータが得られて、無意識下にあるような新しい思い出にどんどん触れられます。楽曲を聞いた人の感想も新たな扉になり得ますしね。僕にとって、楽曲を作ってアップするというのは思い出を増やす行為なんだと思います」

松尾さんはしーらさんと死別した日、ツイッターで「ぼくはカミサンといっしょにVOCALOID音源化されて、ただし利用規約でデュエットでしか使えないデータベースになって、永遠にカップリングされるような存在になりたかった」と投稿している。

その思いは今も変わらない。一方で、技術は日々進化している。松尾さんはAI合成や3Dモデリングなど、あらゆる最新技術を貪欲に取り入れて、新たなしーらさんのとの出会いを模索し続けている。

# 「私は永眠いたしました」という投稿の後音楽家・玉木宏樹さんのBOTが生まれた

『大江戸捜査網』のテーマ曲の作曲や、バイオリン演奏で名を馳せた音楽家の玉木宏樹さんは、２０１２年１月８日に肝不全でこの世を去った。68歳没。

亡くなる３ヶ月前から、ツイッターやブログに体調不良の訴えを残すようになり、２０１１年11月半ばには予定していたセミナーやコンサートをすべてキャンセルし、入院するようになる。ツイッターに残る生前最後の投稿は

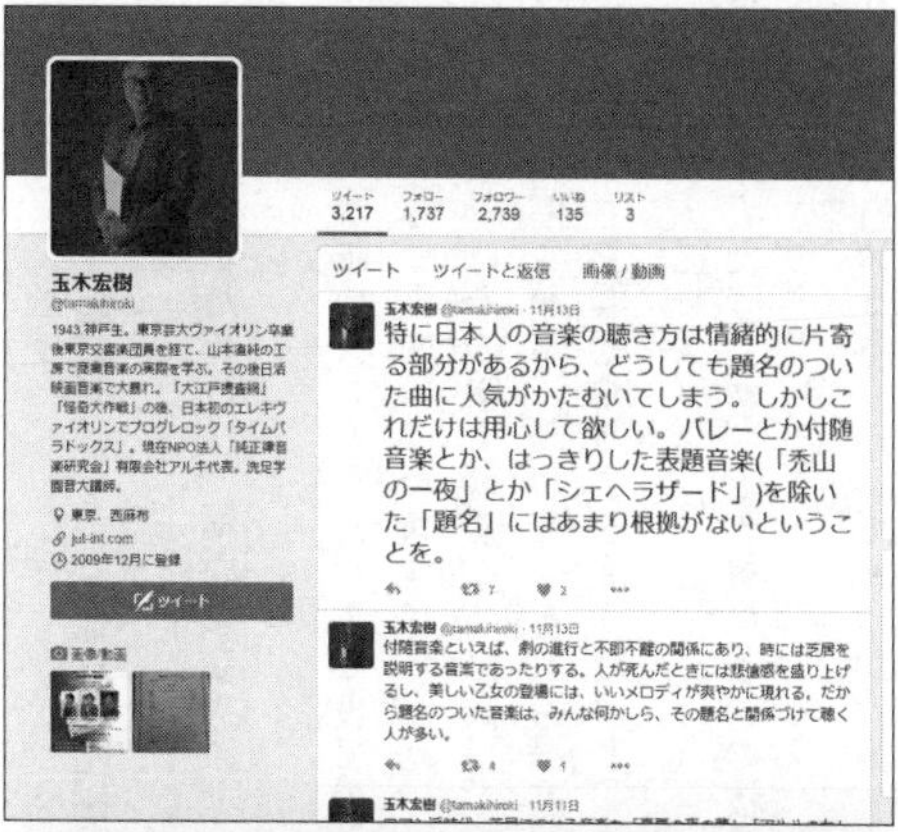
ツイート 3,217
フォロー 1,737
フォロワー 2,739
いいね 135
リスト 3
玉木宏樹
1943 神戸生。東京芸大ヴァイオリン卒業後東京交響楽団員を経て、山本直純の工房で商業音楽の実際を学ぶ。その後日活映画音楽で大暴れ。「大江戸捜査網」「怪奇大作戦」の後、日本初のエレキヴァイオリンでプログレロック「タイムパラドックス」。現在NPO法人「純正律音楽研究会」有限会社アルキ代表。洗足学園音大講師。
東京、西麻布
jut-int.com
2009年12月に登録
ツイート
ツイート　ツイートと返信　画像 / 動画
玉木宏樹 @tamakihiroki · 11月13日
特に日本人の音楽の聴き方は情緒的に片寄る部分があるから、どうしても題名のついた曲に人気がかたむいてしまう。しかしこれだけは用心して欲しい。バレーとか付随音楽とか、はっきりした表題音楽(「禿山の一夜」とか「シェヘラザード」)を除いた「題名」にはあまり根拠がないということを。
玉木宏樹 @tamakihiroki · 11月13日
付随音楽といえば、劇の進行と不即不離の関係にあり、時には芝居を説明する音楽であったりする。人が死んだときには悲愴感を盛り上げるし、美しい乙女の登場には、いいメロディが爽やかに現れる。だから題名のついた音楽は、みんな何かしら、その題名と関係づけて聴く人が多い。
玉木宏樹 @tamakihiroki · 11月11日

**玉木宏樹@tamakihiroki**（Twitter）

https://twitter.com/tamakihiroki

■最終更新:更新中
■亡くなった時期:2012年1月8日
■死因:病気（肝不全）

同年11月20日のものだ。

「私は、昨日から恵比寿の結構大きな病院に入院している。徹底的な内臓検査のため、2．3週間かかるといわれた。」

闘病中は何も語らなかったが、年明けの1月13日に、不思議なツイートがアップされた。

「私は1月8日午後7時40分肝不全にて永眠いたしました。この世でのおつきあい、皆様ありがとうございました。あの世からつぶやいています。」

亡くなった玉木さんの一人称による投稿はその後も続く。3月9日。

「私をしのぶコンサートが3月14日に開催されるんだって、それも満席だって。ほんまかいな。7月28日に「かなっくホール」で再度開催するようだけど、誰が来るのんかいな、14日はあの世からちょっと覗いて見なあかんなぁ～。」

しばらくは追悼イベントの告知等が中心だったが、その後は著書の抜粋を投稿するようになった。

「私が出版した『純正律は世界を救う』ちゅう本、知ってまっか。第一章、体に良い音楽、悪い音楽・第二章、環境を壊し続ける音楽公害・第三章、うるさい音楽を根本から覆す純正律、等書いてまっせ。あの世からぼちぼち内容をツィートするさかいに見てや。」（2012年5月8日）

「平均律の個の鍵盤の中だけで純正律に調律すると、主要三和音は天国的に美しく響くが、ほとんど転調ができなくなるんどっせ。そやから、『純正律岩清水、平均律水道水』また『純正律　＝天然美人、平均律　＝整形美人』つまり天然美人は一途に思い、整形美人は多くの人と付き合える、となるんや。」(同年5月27日)

関西弁のフランクな語り口で、専門技術を分かりやすく解説していく。そんな投稿が数日に1回のペースで投稿されるようになる。生前は専門分野と関係ないつぶやきが多かったが、現在はまるで音楽の授業を聞いているような感覚で読み進めていける。

ネタばらしをすると、これらの“あの世からのツイート”は、玉木さんが中心になって設立したNPO法人・純正律音楽研究会の事務局によるもの。「私は永眠いたしました」のツイートから現在まで、事務局の総意のもとに行われている。

玉木さんの著書から純正律音楽に関する記述を中心に抜粋し、口語に直して代理投稿しているというわけだ。いわば、現在はハンドメイドの玉木宏樹公式BOTになっているといえる。

この流れは非常に示唆に富んでいる。玉木さんは、ライフワークとしていた純正律音楽の普及と広報を目的に純正律音楽研究会を設立した。そして玉木さんは亡くなったが、研究会は玉木さんのツイッターを使って純正律音楽の普及と広報を続けている。

それはまるで、玉木さんのライフワークが人間の肉体という入れ物を飛び越えて歩を進めているように見えなくもない。

# おわりに

全世界に公開されている場に、誰であっても個人情報を自分なりに制御した状況で、感じていることや考えていることを好きなように発信できる。そういう場は有史以来、インターネットが初めてではないかと思います。初めての情報媒体には、これまでにないような形の本音が発信されうるということを、私は故人が残した数多のサイトから教えてもらいました。

たとえば、ブログ「日本一長い遺書」を残したのんさん（132P）は、個人が特定できない範囲で自身の置かれた状況の不条理を読者に投げかけています。

「自分がガンになったことを告げても、保険金のことしか話さない母のいる気持ちを、知っていますか。

自分がガンになったことを知って、私名義のマンションから立ち退き要求の調停を起こす元夫がいる気持ちを、知っていますか。

術後2週間で退院し、食事づくりから掃除洗濯まで、身の回りのことを全て自分でしなければならない気持ちを、知っていますか。」

母や元夫の妨害を気にすることなく、不特定多数の読者に胸の内を発する。そこから届く反響をのんさんは重要な心の支えとしていました。

一方で、家族からの配慮によって話しづらくなっている本音をブログに投じたケースも見られます。直腸がんで闘病した「進め！　一人暮らし闘病記。」のMOMOさん（160P）はこう綴っていました。

「私が今現在の状況を説明しようものなら

（;・∀・）「縁起が悪い」と言って聞きません。

きっと弱音を吐いてるのと勘違いしてるのかも？

でも実際生命保険の事もあるし

検体についても考えてる訳で（;・∀・）

聞きたくない話かもしれないんですが

聞いてもらわないと後々困るんですよね。」

また、病気のことを伏せながら活動する人の本音に触れることもあります。流通ジャーナリストの金子哲雄さん（91P）は41歳の誕生日を迎えたときに様々な思いを込めてツイッターにこう投稿しました。

「こんばんは。私事ですが本日、41歳の誕生日を迎えることができました！ひとえに応援して下さったみなさま、両親、そして妻のおかげです！本当にありがとうございます！今の仕事をいつまで続けられるか、わかりませんが、1秒1秒、大切に生き抜きたいと存じます。今後ともよろしくお願いいたします！」

誰にも病気のことが伝わらないかたちで、歳を重ねることができた喜びを多くの読者と共有していますす。

あるいは、自殺カウントダウンブログを毎日更新した「無への道程」のｚａｒ２０１２さん（１９２Ｐ）のように、自らを縛るために情報発信し、その過程に本音を落としていく例もありました。

人の本音というのは多面的で、置かれた状況や気分によっても揺らぐ部分があるし、投げかける相手によっても照らす角度が変わってくるものでしょう。そう考えたとき、自分のペースで公開設定を自由に変えながら、いつでも何度でも好きなように発信し、そしてその後もパブリックな場にメッセージを残しておけるインターネットという道具は、人の心を知るうえで替えが利かないものではないかと思うのです。

「はじめに」でも引いた、原著のキャッチコピーにはそうした思いを込めました。

死はインターネットで学べる。
知ることは後ろめたいことではない。
大切にするということは、腫れ物扱いすることではない。

どれだけ近い間柄であっても対峙できないかもしれない第三者の本音が、しかも命をかけた本音が、インターネットには全公開の状態で置かれています。その価値を見落としておくのはとても勿体なく、そのことをできる限り多くの人に伝えたい。その思いから原著を執筆し、また、文庫版もリライトしました。

少しだけ私の背景を説明させてください。私が故人のサイトに関心を寄せられたのは、葬儀社のスタッフとして働いていた2001年頃でした。前の会社の給料で買ったWindows98SEパソコンを立ち上げて、よくテキストサイトを覗いていたのを覚えています。趣味の合うテキストサイトを粗方巡ったあと、頻繁にアクセスしたのは書き手が亡くなった（とされる）文章でした。本編で取り上げた「南条あやの保護室」（224P）や「落下星の部屋」（115P）、「境界例な日々」（189P）などはその頃から目にしています。それ以外では、青酸カリカプセルを渡した自殺志願者が自殺し、その責任を取って送り主も命を絶ったドクター・キリコ事件（1998年12月）の舞台となった掲示板サイトもこの頃に読み込みました。

強く惹きつけられた理由は、それらのテキストに深く染みこんだ不可逆的で圧倒的な現実感でした。死に向かっていると自覚している人が、死に向かっている心境をダイレクトに書き綴って、おそらくは本当に生を終えている。その残存した本音が誰でも読める場所に置きっぱなしにされている——。葬儀社の仕事では孤独死した人の部屋に入って棺に納める作業も何度か経験しましたが、そのドアを開けたときと酷似した感情がわいたのを覚えています。

そのときの緊張感が忘れられず、雑誌記者に身を転じた後もときどき故人のサイトを読みにいきました。そして、いつしかエクセルにサイトの情報をまとめるようになり、2015年頃には通し番が4桁を超えていたと記憶しています。この本で取り上げた84サイトは、このデータベースから厳選したものになります。

記事にする際は、それぞれのサイトや周辺情報から遺族や縁者の方の連絡先を調べて、できるかぎりアプローチしました。やりとりを通して新たな情報を提供してもらったり、直接インタビューを受けてもらったりしたこともありましたし、「そっとしておいてほしい」と伝えられ、記事化を見送ったケースもありました。

一方で、連絡先がまったく見当たらないケースや、連絡先はあれどメールアドレスがすでに停止されていたりするケースも少なくありませんでした。その場合は、個人情報の残り方などから慎重に検討したうえで、全公開の場に残された情報源として、採り上げさせてもらっています。

インターネットというパブリックな場に置かれているのだから、引用の要件を満たす範囲で引用して論じているわけです。しかし、私は故人のサイトに対して、パブリックでありながら、プライベートな性格を帯びているところに強く惹かれています。そんな私がパブリック性だけを担保にして無謬であるとするのはフェアではないでしょう。ですから、私はある種の罪を背負って執筆しています。それでいてこのテーマの魅力から離れられない人間ですから、今後もこの後ろめたさを抱えて活動していくと思います。文末に私のSNSアカウントを載せますので、ご意見があればお気兼ねなくご連絡ください。

最後は謝意で締めさせてもらいます。本書で採り上げた貴重な84サイトを残された方々と、そのサイトを大切にして長く残された縁者の方々に感謝を申し上げます。また、原著の編集を担当してくれた当時社会評論社に在籍していた現パブリブ代表の濱崎誉史朗さんには、文庫版制作にあたっても快く協力してもらいました。『故人サイト』というネーミングは濱崎さんによるものです。ありがとうございます。刊行から8年以上が経過した原著を覚えていてくださり、文庫化を持ちかけてくれた高木瑞穂さんのご尽力は忘れません。ありがとうございます。

この本を手に取ってくださってありがとうございます。

２０２４年６月　古田雄介

Xアドレス :https://x.com/yskfuruta

Facebook アドレス :https://www.facebook.com/ysk.furuta

鉄人文庫

# 故人サイト

## 亡くなった人が遺していった
## ホームページたち

本書は2015年12月11日に社会評論社より刊行された
『故人サイト』を加筆・修正・再編集し文庫化したものです。

2024年7月24日　第1刷発行

著者　古田雄介

発行人　尾形誠規
編集人　高木瑞穂
発行所　株式会社鉄人社
〒162-0801 東京都新宿区山吹町332 オフィス87ビル3階
TEL 03-3528-9801　FAX 03-3528-9802　https://tetsujinsya.co.jp/

デザイン　奈良有望(サンゴグラフ)
印刷・製本　モリモト印刷株式会社

ISBN978-4-86537-281-6 C0136　